二十一世纪高等教育规划教材

JISUANJI YINGYONGJICHU

计算机
应用基础

主　编	冯光辉
副主编	李芳菊　潘道华　王颖奇
编　者	赵　轲　杨　杨　董瑞瑞
	降雪辉　欧阳群雍
	蒋文娟　张凯萍　杜浩翠
	毛建景　孙　滨

U0222955

哈尔滨工业大学出版社

HITP

内容简介

本书体现教、学、做结合,理论实践一体化的教学特点。从当前计算机技术发展的现状出发,突出理论和实践的结合,加强了综合应用能力的训练,注重实践性和操作性。书中也对传统的计算机教学内容进行了更新,增加了当前计算机领域中出现的新知识、新技术和实用工具软件等内容。本书既可作为高等院校计算机基础课的入门教材,也可作为计算机爱好者的参考用书。

图书在版编目(CIP)数据

计算机应用基础/冯光辉主编.—哈尔滨:哈尔滨工业大学出版社,2012.7

ISBN 978-7-5603-3623-7

Ⅰ.①计… Ⅱ.①冯… Ⅲ.①电子计算机—高等学校—教材 Ⅳ.①TP3

中国版本图书馆 CIP 数据核字(2012)第 149379 号

责任编辑　王子佳
封面设计　唐韵设计
出版发行　哈尔滨工业大学出版社
社　　址　哈尔滨市南岗区复华四道街 10 号　邮编 150006
传　　真　0451—86414749
网　　址　http://hitpress.hit.edu.cn
印　　刷　天津市蓟县宏图印务有限公司
开　　本　787mm×1092mm　1/16　印张 30(含上机指导)　字数 700 千字(含上机指导)
版　　次　2012 年 7 月第 1 版　2012 年 7 月第 1 次印刷
书　　号　ISBN 978-7-5603-3623-7
定　　价　55.00 元(含上机指导)

(如因印装质量问题影响阅读,我社负责调换)

前 言

FOREWORD

随着计算机技术的迅猛发展,计算机的应用已深入到社会各行各业及各个领域,计算机已成为人们学习、工作和生活中不可缺少的重要工具。掌握计算机基础知识和应用技能已成为高等院校各专业学生的基本要求。因此,计算机基础课程成为各高等院校非计算机专业必修的公共基础课。

我们编写本书时从当前计算机技术发展的现状出发,突出理论和实践的结合,加强了综合应用能力的训练,注重实践性和操作性。书中也对传统的计算机教学内容进行了更新,增加了当前计算机领域中出现的新知识、新技术和实用工具软件等内容。

全书共分6章,主要内容包括:第1章计算机概述、第2章 Windows XP 操作系统、第3章 计算机网络与 Internet 应用、第4章文字处理软件 Word 2003、第5章电子表格软件 Excel 2003、第6章演示文稿 PowerPoint 2003。为了提高学习者的动手和实践能力,每章后面都附有思考题。可以帮助学习者达到加深理解和牢固掌握的目的。

本教材突出的特点是:在内容上去粗取精,针对实际应用,每章都涵盖了实用易学的知识点,易于吸收和运用;在体例编制上主次分明,将复杂的知识深入浅出地描述出来,既能激发学生学习兴趣,又能便于其快速掌握;在课程安排上,由易到难,从理论到实践,既符合人对知识的接受逻辑,又能真实地传达和转化知识,提高了学生对知识理论的解析能力。

本书既可作为高等院校计算机基础课的入门教材,也可作为计算机初学者的参考用书。由于编写时间仓促,编写水平有限,书中难免存在不足之处,恳请广大师生读者批评指正。

编　者

目 录
Contents

第 1 章 计算机概述 ………………………………………………… **(1)**

1.1 计算机概论 ……………………………………………… （1）

1.2 计算机中信息的表示 ……………………………………… （9）

1.3 计算机系统的组成和功能 ………………………………… （16）

1.4 计算机信息安全基础 ……………………………………… （22）

第 2 章 Windows XP 操作系统 …………………………………… **(27)**

2.1 操作系统概述 ……………………………………………… （27）

2.2 Windows XP 基本操作 …………………………………… （29）

2.3 管理文件和文件夹 ………………………………………… （33）

2.4 磁盘管理 …………………………………………………… （42）

2.5 Windows XP 工作环境设置 ……………………………… （46）

2.6 多用户管理 ………………………………………………… （53）

2.7 附件工具 …………………………………………………… （53）

第 3 章 计算机网络与 Internet 应用 ……………………………… **(57)**

3.1 计算机网络概述 …………………………………………… （57）

3.2 计算机网络的分类和拓扑结构 …………………………… （59）

3.3 计算机网络体系结构 ……………………………………… （64）

3.4 Internet 基础知识 ………………………………………… （67）

3.5 Internet 基本操作 ………………………………………… （76）

第 4 章 文字处理软件 Word 2003 ………………………………… **(95)**

4.1 Word 2003 概述 …………………………………………… （95）

4.2 文档的基本操作 …………………………………………… （100）

4.3 编辑文档 …………………………………………………… （104）

1

4.4 文档格式化 ……………………………………………………… (114)

4.5 版面设计与打印文档 …………………………………………… (123)

4.6 使用编辑工具 …………………………………………………… (131)

4.7 表格操作 ………………………………………………………… (137)

4.8 使用图形对象 …………………………………………………… (148)

4.9 邮件合并 ………………………………………………………… (159)

4.10 使用宏 ………………………………………………………… (162)

4.11 大纲和目录 …………………………………………………… (168)

第5章 电子表格软件 Excel 2003 ……………………………… **(176)**

5.1 Excel 2003 简介 ………………………………………………… (176)

5.2 Excel 的基本概念 ……………………………………………… (178)

5.3 工作簿的操作 …………………………………………………… (179)

5.4 工作表的操作 …………………………………………………… (186)

5.5 Excel 的公式和函数 …………………………………………… (199)

5.6 数据管理 ………………………………………………………… (209)

5.7 图表 ……………………………………………………………… (219)

5.8 Excel 工作表的打印 …………………………………………… (227)

第6章 演示文稿 PowerPoint 2003 …………………………… **(233)**

6.1 PowerPoint 2003 简介 ………………………………………… (233)

6.2 PowerPoint 2003 的文件操作 ………………………………… (236)

6.3 幻灯片操作 ……………………………………………………… (240)

6.4 编辑幻灯片 ……………………………………………………… (242)

6.5 幻灯片的修饰 …………………………………………………… (250)

6.6 演示文稿的放映 ………………………………………………… (257)

6.7 打印演示文稿 …………………………………………………… (265)

6.8 设置幻灯片中的超链接 ………………………………………… (266)

6.9 演示文稿文件的打包和解包 …………………………………… (268)

第 1 章 计算机概述

学习指导

本章主要介绍了计算机的基本概念、分类、特点、应用范围及计算机技术的发展过程和趋势；常用数制的基本概念、不同数制之间的相互转换方法、数值型数据和字符型数据等信息在计算机中的表示形式和常见的数据信息编码；微型计算机系统的组成和基本工作原理。

学习目标

(1)了解计算机的基本概念。

(2)了解计算机的发展历程。

(3)了解未来计算机的发展趋势以及计算机技术的应用领域等。

(4)掌握数制之间的相互转换。

(5)了解微型计算机系统的硬件系统和软件系统。

(6)了解微型计算机的各项技术参数和基本工作原理。

1.1 计算机概论

1.1.1 计算机的发展

1.电子数字计算机的基本概念

电子数字计算机是一种不需要人的干预,能够自动地、连续地、快速地、准确地完成信息存储、数值计算、数据处理等具有多种功能的电子机器。

2.电子计算机的发展

世界上第一台电子数字计算机于 1946 年诞生,由美国宾夕法尼亚大学的约翰·莫克利(John Mauchly)和普雷斯普尔·埃克特(J. Presper Eckert)等人为美国进行新式火

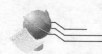
炮试验所涉及复杂弹道计算而研制的电子数字积分器与计算机（Electronic Numerical Integrator and Calculator），简称为 ENIAC，如图 1—1 所示。

图 1—1 ENIAC

ENIAC 计算机使用了 18 000 多个电子管，占地面积 170 平方米，总质量达 30 吨，每小时耗电 150 千瓦，每秒进行 5 000 次加法计算。尽管它是一个庞然大物，但它的诞生具有划时代的意义，它代表了电子计算机时代的到来，并为科学技术的发展奠定了重要的基础。

按照计算机所采用的电子逻辑元件将计算机的发展划分为四个阶段，其中每一个发展阶段在技术上都是一次新的突破，如表 1—1 所示。

表 1—1 计算机发展各阶段的主要特点

发展阶段 性能指标	第一代 （1946～1958 年）	第二代 （1958～1964 年）	第三代 （1964～1971 年）	第四代 （1971 年至今）
逻辑元件	电子管	晶体管	中、小规模集成电路	大规模、超大规模集成电路
主存储器	磁芯、磁鼓	磁芯、磁鼓	半导体存储器	半导体存储器
辅助存储器	磁鼓、磁带	磁鼓、磁带、磁盘	磁带、磁鼓、磁盘	磁鼓、磁盘、光盘
处理方式	机器翻译语言、汇编语言	作业连续处理、编译语言	实时、分时处理多道程序	实时、分时处理、网络结构
运算速度（次/秒）	几千至几万	几万至几十万	几十万至几百万	几百万至几亿
主要特点	体积大，耗电多，可靠性差，价格昂贵，维修复杂	体积较小，质量轻，耗电多，可靠性较高	小型化，耗电少，可靠性高	微型化，耗电极少，可靠性很高

（1）第一代计算机（1946～1958 年）。第一代电子计算机是电子管计算机，其基本特征是：采用电子管作为计算机的逻辑元件，数据表示主要采用定点数，使用机器语言或汇编语言编写程序。由于电子管的特性，第一代计算机体积庞大、造价很高、可靠性差。每秒运算速度仅为几千次，内存容量仅几千字节。第一代计算机主要用于军事和科学计算。

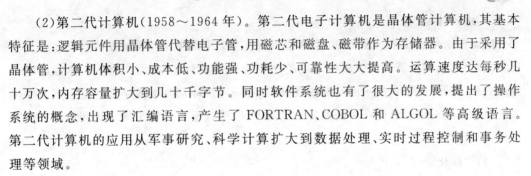

(2)第二代计算机(1958～1964年)。第二代电子计算机是晶体管计算机,其基本特征是:逻辑元件用晶体管代替电子管,用磁芯和磁盘、磁带作为存储器。由于采用了晶体管,计算机体积小、成本低、功能强、功耗少、可靠性大大提高。运算速度达每秒几十万次,内存容量扩大到几十千字节。同时软件系统也有了很大的发展,提出了操作系统的概念,出现了汇编语言,产生了 FORTRAN、COBOL 和 ALGOL 等高级语言。第二代计算机的应用从军事研究、科学计算扩大到数据处理、实时过程控制和事务处理等领域。

(3)第三代计算机(1964～1971年)。第三代电子计算机是集成电路计算机,其基本特征是:逻辑元件采用小规模集成电路 SSI(Small Scale Integration)和中规模集成电路 MSI(Middle Scale Integration),运算速度可达每秒几十万次到几百万次。这个阶段的存储器进一步发展,体积更小、造价更低、软件逐渐完善,计算机同时向标准化、多样化、通用化和机种系列化发展。高级程序设计语言在这个时期有了很大发展,并出现了操作系统和会话式语言。第三代计算机开始应用于各个领域。

(4)第四代计算机(1971年至今)。第四代电子计算机称为大规模集成电路计算机,其基本特征是:逻辑元件采用大规模集成电路 LSI(Large Scale Integration)和超大规模集成电路 VLSI(Very Large Scale Integration)。计算机的速度可以达到每秒几百亿次。在第四代计算机的发展进程中,计算机的性能越来越好,生产成本越来越低,体积越来越小,运算速度越来越快,耗电越来越少,存储容量越来越大,可靠性越来越高。同时操作系统不断完善,软件配置越来越丰富,应用范围越来越广范,计算机的发展也进入了以计算机网络为特征的时代。

1965年 Intel 公司的创始人之一戈登·摩尔曾预言,集成电路中的晶体管数每隔18个月将翻一番,芯片的性能也随之提高一倍。这一预言,被计算机界称为"摩尔定律"。近代计算机的发展历史充分证实了这一定律。随着芯片集成度的日益提高和计算机体系结构的不断改进,将会不断出现性能更好、体积更小的计算机产品。

3.计算机的发展趋势

未来计算机将朝着超高速、超小型、并行处理和智能化的方向发展,计算机的应用范围将朝着更快、更深、更广的方向发展。

(1)微型化。

随着计算机应用领域的不断扩大,对计算机的要求也越来越高,人们对计算机体积的要求是更小、质量更轻、价格更低,能够应用于各种领域、各种场合。

(2)网络化。

随着 Internet 的广泛应用,人们对网络计算方面也提出了更高的要求,如实时的、宽频的海量数据网络处理、传送等,这将促进计算机朝着给网络提供服务方面发展。未来可能只需任何一台能连上 Internet 的设备,人们就可以享受网络计算服务。

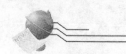
(3)多媒体化。

随着未来信息技术的发展,多媒体技术将文字、图形、图像、视频等信息媒体与计算机集成在一起,使计算机的应用由单纯的文字处理变成对文字、图像、声音、影像的综合集成处理。随着数字化技术的高速发展,以上每一种媒体都将被数字化并融入到多媒体系统中。系统将信息整合在人们的日常生活中,以接近于人类的工作方式和思考方式来进行各种操作。

(4)智能化。

智能化指让计算机具有模拟人的感觉行为和思维过程的能力,使计算机不仅能根据人的指挥进行工作,而且能"看"、"听"、"说"、"想"、"做",具有逻辑推理、学习与证明的能力。智能化计算机的出现,将为人类的工作、生活提供更大的方便。

4.我国计算机发展简况

(1)第一代电子管计算机的研制(1958~1964年)。我国从1957年开始研制通用数字电子计算机,1958年8月1日该机可以进行短程序运行,标志着我国第一台电子计算机诞生。为纪念这个日子,该机命名为八一型数字电子计算机。

(2)第二代晶体管计算机研制(1965~1972年)。我国在研制第一代电子管计算机的同时,已开始研制晶体管计算机,1965年研制成功的我国第一台大型晶体管计算机(109乙机),实际上从1958年起计算所就开始酝酿启动。在国外禁运条件下要研制晶体管计算机,必须先建立一个生产晶体管的半导体厂(109厂)。经过两年努力,109厂就提供了机器所需的全部晶体管(109乙机共用2万多支晶体管,3万多支二极管)。

(3)第三代基于中小规模集成电路的计算机研制(1973~20世纪80年代初)。我国第三代计算机的研制受到"文化大革命"的冲击。IBM公司1964年推出360系列大型机是美国进入第三代计算机时代的标志,我国到1970年初期才陆续推出大、中、小型采用集成电路的计算机。1983年,中国科学院计算所完成我国第一台大型向量机——757机(图1-2),计算速度达到每秒1 000万次。

图1-2　757机

这一记录同年就被国防科技大学研制的银河—I亿次巨型计算机打破。银河—I巨型机是我国高速计算机研制的一个重要里程碑,它标志着我国文革动乱时期与国外拉大的距离又缩小到 7 年左右(银河—I的参考机克雷—1 于 1976 年推出),如图 1-3 所示。

图 1-3　银河一I

(4)第四代基于超大规模集成电路的计算机研制(20 世纪 80 年代中期至今)。和国外一样,我国第四代计算机研制也是从微机开始的。1980 年初我国许多单位也开始采用 Z80、X86 和 M6800 芯片研制微机。1983 年 12 月电子部六所研制成功与 IBM PC 机兼容的 DJS—0520 微机。

从 20 世纪 90 年代初开始,国际上采用主流的微处理机芯片研制高性能并行计算机已成为一种发展趋势。国家智能计算机研究开发中心于 1993 年研制成功曙光一号全对称共享存储多处理机。

国家智能机中心与曙光公司于 1997 至 1999 年先后在市场上推出具有机群结构的曙光 1000A,曙光 2000—I,曙光 2000—II 超级服务器,峰值计算速度已突破每秒 1000 亿次浮点运算,机器规模已超过 160 个处理机,2000 年推出每秒浮点运算速度 3000 亿次的曙光 3000 超级服务器。2004 年上半年推出每秒浮点运算速度 1 万亿次的曙光 4000 超级服务器,如图 1-4 所示。

图 1-4　曙光 4000L

1.1.2 计算机的特点与应用

1.计算机的特点

计算机主要有以下特点：

(1)运算速度快。计算机内部承担运算的部件称为运算器,它是由一些数学逻辑电路构成的。计算机的运算速度通常是指每秒钟所能执行的指令条数,常用百万条指令MIPS(Million Instructions Per Second)为单位表示。

(2)计算精度高。人们在进行各种数值计算及其他信息处理的过程中,要求计算机的计算结果达到一定的精度。计算机中数据的精确度主要取决于计算机能同时处理数据的位数,一般称为字长。字长越长,精度越高。目前计算机的字长有 32 位、64 位、128位等,为了获得更高的计算精度,还可以进行双倍字长、多倍字长的运算,数值的计算精度可达到小数后几十位甚至更多。

(3)记忆能力强。计算机的存储器具有存、记忆功能。随着计算机存储器容量的不断增大,所存储记忆的信息也越来越多,除了能记住各种数据信息外,存储器还能记住加工这些数据的程序。

(4)逻辑判断能力强。计算机在各种复杂的控制操作中,具有较强的识别能力和较高的反应速度,使其可以进行逻辑推理和复杂的定理证明,从而保证计算机控制的判断准确、控制灵敏。

2.计算机的应用

(1)科学计算。科学计算也称为数值计算,主要是将计算机用于科学研究和工程技术中提出的数学问题的计算。科学计算具有计算量大和数值变化范围广的特点。如气象预报、地震探测、导弹及卫星轨迹的计算等。

(2)数据处理。数据处理也称信息处理,是对大量非数值数据(文字、符号、声音、图像等)进行加工处理,如编辑、排版、分析、检索、统计、传输等。计算机数据处理广泛应用于办公自动化、情报检索、事务管理等。近年来,利用计算机来综合处理文字、图形、图像、声音等多媒体数据处理技术,已成为计算机最重要的发展方向。目前数据处理已成为计算机应用的主流。

(3)过程控制。过程控制也称实时控制,指用计算机及时采集动态的监测数据,并按最佳值迅速地对控制对象进行自动控制或调节。不仅可以大大提高控制的自动化水平,而且可以提高控制的及时性、准确性和可靠性。主要应用于冶金、石油、化工、纺织、水电、机械、航天等工业领域,在军事、交通等领域也得到了广泛应用。

(4)电子商务。电子商务是指利用计算机技术、网络技术和远程通信技术,实现整个商务(买卖)过程中的电子化、数字化和网络化。人们不再是面对面的、看着实实在在的货物、靠纸介质单据(包括现金)进行买卖交易,而是通过网络上琳琅满目的商品信息、完善的物流配送系统和方便安全的资金结算系统进行交易(买卖)。如网上银行等。

(5)人工智能。人工智能也称智能模拟,是将人脑进行演绎推理的思维过程、规则和采取的策略、技巧等编制成程序,在计算机中存储一些公理和规则,然后让计算机去自动进行求解。主要应用于机器人、专家系统、模拟识别、智能检索等方面,此外,还在自然语言处理、机器翻译、定理证明等方面得到应用。

(6)计算机辅助系统。包括计算机辅助设计、计算机辅助制造和计算机辅助教育等。

①计算机辅助设计(CAD):是指用计算机帮助各类设计人员进行工程或产品设计。例如,飞机、船舶、建筑、机械和大规模集成电路设计等。

②计算机辅助制造(CAM):是指用计算机进行生产设备的管理、控制和操作的技术。

③计算机辅助教育(CBE):包括计算机辅助教学(CAI)、计算机辅助测试(CAT)和计算机管理教学(CMI)。主要应用于网上教学和远程教学。

(7)计算机网络。计算机网络的建立,不仅解决一个单位、一个地区、一个国家中计算机与计算机之间的通信,实现了各种软硬件资源的共享,也大大促进了各类数据的传输与处理。

(8)多媒体技术。随着计算机技术和通信技术的发展,可以把各种媒体信息数字化并综合成一种全新的媒体——多媒体(Multimedia)。多媒体技术的发展大大拓展了计算机的应用领域,视频和音频信息的数字化使得计算机逐步走向家庭。

1.1.3 计算机的分类

通用数字计算机根据其性能、用途大体可以分为五类:巨型机、大型机、小型机、工作站和微型机。

1.巨型机

巨型机是计算机中性能最高、功能最强,具有巨大数值计算能力和数据信息处理能力的计算机。主要应用于军事、气象、地质勘探等尖端科技领域。我国研制成功的"银河系列机"就属于巨型机。

2.大型机

大型机是计算机中通用性能最强、功能也很强的计算机。主要用于计算中心和计算机网络。

3.小型机

小型机是计算机中性能较好、价格便宜、应用领域十分广泛的计算机。小型机结构简单,可靠性高,成本较低。

4．工作站

工作站是介于 PC 与小型机之间的一种高档微机，它的特点是易于联网、有较大内存容量、具有较强的网络通信功能，主要用于特殊的专业领域，如图像处理、计算机辅助设计等。

5．微型机

微型机是应用领域最广泛的一种计算机，也是近年来各类计算机中发展最快的计算机。微型机具有体积小、价格低、功能全、操作方便的特点。

1.1.4 微型计算机的主要技术指标

1．字长

字长是指计算机运算部件一次能同时处理的二进制数据的位数，因此它直接关系到计算机的精度、速度和功能。字长越长，计算机处理数据的能力越强。目前，微机的字长为 16 位或 32 位，高档微机的字长为 64 位。

2．主频

主频是指 CPU 的时钟频率。以兆赫兹（MHz）为单位，它在很大程度上决定了微机的运行速度，主频越高，微机的运行速度就越快。如 80586 的主频为 75～266 MHz，Pentium 微处理器的主频目前已超过 3 GHz。

3．运算速度

运算速度是衡量计算机性能的一项重要指标。通常所说的计算机运算速度（平均运算速度），是指每秒钟所能执行的指令条数，一般用"百万条指令/秒"（MIPS，Million Instruction Per Second）来描述。

4．存储容量

存储容量包括内存容量和外存容量，主要指内存储器的容量。内存容量越大，机器所能运行的程序就越大，处理能力就越强。目前微机的内存容量一般为 128 MB～4 GB。

5．存取周期

内存储器的存取周期也是影响整个计算机系统性能的主要指标之一。

1.2　计算机中信息的表示

1.2.1 数据与信息

1.数据与信息

数据(Data)是载荷或记录信息并按一定规则排列组合的物理符号,可以是数字、符号、文字、表格、声音、图形和图像等。数据能被送入计算机加以处理,包括存储、传送、排序、计算等,以得到人们需要的结果。

信息是构成一定含义的一组数据。数据是信息在计算机内部的表现形式,是各种各样的物理符号及其组合,它反映了信息的内容。计算机的最主要功能是处理信息。

2.字符信息在计算机中的表示

使用电子计算机进行信息处理,首先必须要使计算机能够识别信息。用计算机进行信息处理时,必须将信息进行数字化编码后,才能方便地进行存储、传送、处理等操作。

所谓编码,是采用有限的基本符号,通过某一个确定的原则对这些基本符号加以组合,用来描述大量的、复杂多变的信息。

(1)西文字符的 ASCⅡ码表示。

ASCⅡ码(American Standard Code for Information Interchange),即美国信息交换标准代码,于 1968 年发布。ASCⅡ码有 7 位版本和 8 位版本两种,国际上通用的是 7 位版本,7 位版本的 ASCⅡ码有 128 个符号,只需用 7 个二进制位($2^7 = 128$)表示,其中控制字符 34 个,阿拉伯数字 10 个,大小写英文字母 52 个,各种标点符号和运算符号 32 个。在计算机中实际用 8 位表示一个字符,最高位为"0"。

在 ASCⅡ码编码中,数字字符、英文大写字母、英文小写字母都是按先后顺序分别连续编码的。表 1－2 所示为 ASCⅡ码表中 128 个字符的分配情况。

表 1－2　ASCⅡ码表中 128 个字符的分配表

类型	相关字符	对应十进制数范围
通用控制字符(34 个)	'NUL'～'SP',DEL	0～32,127
阿拉伯数字(10 个)	'0'～'9'	48～57
大写英文字母(26 个)	'A'～'Z'	65～90
小写英文字母(26 个)	'a'～'z'	97～122
各种标点符号和运算符号(32 个)	'!'～'/','：'～'@', '['～'、','{'～'～'	33～47,58～64, 91～96,123～126

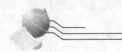

（2）汉字及其编码。

①国标码。国标码即"中华人民共和国国家标准信息交换汉字编码"（简称国标码），其代号为 GB2312-80，是中国国家标准局于 1981 年 5 月颁布的。国标码共收入了 6763 个汉字和 682 非汉字字符（图形、符号），其中一级汉字 3755 个，以汉语拼音为序排列；二级汉字 3008 个，以偏旁部首进行排列。国标码 GB2312-80 规定，所有的国标汉字与符号组成了一个 94×94 的矩阵，在此方阵中，每一行称为一个"区"（区号为 01~94），每一列称为一个"位"（位号为 01~94），每一个汉字或符号在码表中都有一个唯一的位置编码，称为该字符的区位码。区位码与国标码之间的变换关系如下：汉字的国标码＝汉字的区位码＋2020H。

【例 1】 某汉字的区位码为"1003"，该汉字的国标码为多少？

分析：区位码转换为国标码的具体方法是：把汉字区位码的区码和位码都加上十六进制数的 20H（H 表示它前面的数是十六进制数），得到汉字的国标码。

因此：结果为 1003H＋2020H＝3023H。

②汉字机内码。机内码是指汉字在计算机内部表示的代码（简称内码）。汉字机内码是供计算机系统内部进行存储、加工处理、传输等统一使用的代码，又称为汉字内部码或汉字内码。国标码经过变换之后才能作为机内码使用，机内码与国标码之间的变换关系如下：汉字的内码＝汉字的国标码＋8080H。

【例 2】 某汉字的机内码是 B2B1H，那么它的国标码是多少？

分析：国标码经过变换之后才能作为机内码使用，根据机内码与国标码之间的变换关系得出结果。

因此：结果为 B2B1H－8080H＝3231H。

③汉字的机外码（输入码）。将汉字输入计算机编制的代码称为汉字输入码，也称为外码。目前汉字主要是经过标准键盘输入计算机的，汉字的输入码转换成内码才能在计算机内存储和处理，一个内码占两个字节。所以汉字输入码都是由键盘上的字符或数字组合而成。目前流行的汉字输入码的编码方案很多，如全拼输入法、五笔字型输入法等。

④汉字字形码。汉字字形码也称为汉字字模，用于在显示屏或打印机输出汉字。这种汉字的模型也要用二进制数来表示，常用的字形码是用点阵方式表示的。

用点阵表示字形时，根据输出汉字的要求不同，点阵的多少也不同。简易型汉字为 16×16 点阵，提高型汉字为 24×24 点阵、32×32 点阵、48×48 点阵、64×64 点阵等。汉字字形点阵中的每个点对应一个二进制位，1 个字节又等于 8 个二进制位，所以 16×16 点阵字形的字要使用 32 个字节（16×16÷8 字节＝32 字节）存储，64×64 点阵的字形要使用 512 个字节存储。点阵规模越大，字形越清晰、美观，所占存储空间也就越大。

【例 3】 存储 400 个 24×24 点阵汉字字形所需的存储容量是多少？

分析：一个汉字在存储时需要占用多少个字节，是由该汉字的点阵信息决定的，对于

24×24 点阵的汉字来说，一个汉字的点阵信息共有 24 行，每一行有 24 个点。存放每一行上的 24 个点需要 24/8＝3 个字节。

因此：400 个 24×24 点阵汉字存储容量为：400×24×24/8/1024＝28.125 KB。

1.2.2 数制的基本知识

1.数制的概念

数制即进位计数制，就是人们利用数字符号按进位原则进行数据大小计算的方法。通常人们在日常生活中是以十进制来表达数值并进行计算的。另外还有二进制、八进制和十六进制等。

在数制中，有三个基本概念：数码、基数和位权。

(1)数码：指一个数制中表示基本数值大小不同的数字符号。例如，在十进制中有十个数码：0,1,2,3,4,5,6,7,8,9；在二进制中有两个数码：0,1。

(2)基数：指一个数值所使用数码的个数。例如，十进制的基数为 10，二进制的基数为 2。

(3)位权：指一个数值中某一位上的 1 所表示数值的大小。例如，十进制的 123,1 的位权是 $10^2=100$,2 的位权是 $10^1=10$,3 的位权是 $10^0=1$；八进制 123,1 的位权是 $8^2=64$,2 的位权是 $8^1=8$,3 的位权是 $8^0=1$。

2.计算机中常用的几种进制

常用的进位计数制有十进制、二进制、八进制和十六进制等。

(1)十进制。

①有十个数码：0,1,2,3,4,5,6,7,8,9。

②基数为 10。

③逢十进一(加法运算)，借一当十(减法运算)。

④按权展开式。对于任意一个 n 位整数 m 位小数的十进制数 D,有

$$D=D_{n-1} \ D_{n-2}\cdots D_1 \ D_0 \ D_{-1} \ D_{-2}\cdots D_{-m}$$

均可按权展开为

$$D=D_{n-1} \times 10^{10-1} + D_{n-2}\times 10^{10-2} + \cdots + D_1 \times 10^1 + D_0 \times 10^0 + D_{-1}\times 10^{-1} + D_{-2}\times 10^{-2} + \cdots + D_{-m}\times 10^{-m}$$

例如：$333.33=3\times(10)^2+3\times(10)^1+3\times(10)^0+3\times(10)^{-1}+3\times(10)^{-2}$。

(2)二进制。

①有两个数码：0,1。

②基数为 2。

③逢二进一(加法运算)，借一当二(减法运算)。

④按权展开式。对于任意一个 n 位整数 m 位小数的二进制数 B,有

$$B = B_{n-1} \ B_{n-2} \cdots B_1 \ B_0 \ B_{-1} \ B_{-2} \cdots B_{-m}$$

均可按权展开为

$$B = B_{n-1} \times 2^{n-1} + B_{n-2} \times 2^{n-2} + \cdots + B_1 \times 2^1 + B_0 \times 2^0 + B_{-1} \times 2^{-1} +$$
$$B_{-2} \times 2^{-2} + \cdots + B_{-m} \times 2^{-m}$$

例如:$(10011.101)_2 = 1 \times 2^4 + 0 \times 2^3 + 0 \times 2^2 + 1 \times 2^1 + 1 \times 2^{-1} + 0 \times 2^{-2} + 1 \times 2^{-3} = 16 + 2 + 1 + 0.5 + 0.125 = (19.625)_{10}$。

（3）八进制。

①有八个数码:0,1,2,3,4,5,6,7。

②基数为8。

③逢八进一(加法运算),借一当八(减法运算)。

④按权展开式。对于任意一个 n 位整数 m 位小数的八进制数 O,有

$$O = O_{n-1} \ O_{n-2} \cdots O_1 \ O_0 O_{-1} \ O_{-2} \cdots O_{-m}$$

均可按权展开为

$$O = O_{n-1} \times 8^{n-1} + O_{n-2} \times 8^{n-2} + \cdots + O_1 \times 8^1 + O_0 \times 8^0 + O_{-1} \times 8^{-1} +$$
$$O_{-2} \times 8^{-2} + \cdots + O_{-m} \times 8^{-m}$$

例如:$(125.3)_8 = 1 \times 8^2 + 2 \times 8^1 + 5 \times 8^0 + 3 \times 8^{-1} = 64 + 16 + 5 + 0.375 = (85.375)_{10}$。

（4）十六进制。

①有十六个数码:0,1,2,3,4,5,6,7,8,9,A,B,C,D,E,F。

②基数为16。

③逢十六进一(加法运算),借一当十六(减法运算)。

④按权展开式。对于任意一个 n 位整数 m 位小数的十六进制数 H,有

$$H = H_{n-1} \ H_{n-2} \cdots H_1 \ H_0 H_{-1} \ H_{-2} \cdots H_{-m}$$

均可按权展开为

$$H = H_{n-1} \times 16^{n-1} + H_{n-2} \times 16^{n-2} + \cdots + H_1 \times 16^1 + H_0 \times 16^0 + H_{-1} \times 16^{-1} +$$
$$H_{-2} \times 16^{-2} + \cdots + H_{-m} \times 16^{-m}$$

例如:$(1CF.A)_{16} = 1 \times (16)^2 + 12 \times (16)^1 + 15 \times (16)^0 + 10 \times (16)^{-1} = 256 + 192 + 15 + 0.625 = (463.625)_{10}$。

3.常见进制的简写符号

上面已给出了几种进制的写法。在计算机中书写不同进制的数时,常用它们的英文第一个字符来标识。如 D 代表十进制数(可省略),B 代表二进制数,O 代表八进制数,H 代表十六进制数。

4.进制数之间的转换

同一个数在使用不同的进制来表示时会得到不同的呈现形式,但它们都表示同一

个值。

(1)r 进制数转换成十进制数

①r 进制数转换成十进制数。把各非十进制数按权展开求和(十六进制数的 A,B, C,D,E,F 分别用十进制的 10,11,12,13,14,15 代替)。

【例4】 将二进制数$(1101.1)_2$转换成十进制数。

$$(1101.1)_2 = 1 \times 2^3 + 1 \times 2^2 + 0 \times 2^1 + 1 \times 2^0 + 1 \times 2^{-1}$$
$$= 8 + 4 + 0 + 1 + 0.5$$
$$= 13.5$$

【例5】 将八进制数$(231.5)_8$转换成十进制数。

$$(231.5)_8 = 2 \times 8^2 + 3 \times 8^1 + 1 \times 8^0 + 5 \times 8^{-1}$$
$$= 2 \times 64 + 3 \times 8 + 1 \times 1 + 5 \times 0.125$$
$$= 153.625$$

【例6】 将十六进制数$(3CF.A)_{16}$转换成十进制数。

$$(3CF.A)_{16} = 3 \times 16^2 + 12 \times 16^1 + 15 \times 16^0 + 10 \times 16^{-1}$$
$$= 3 \times 256 + 12 \times 16 + 15 \times 1 + 10 \times 0.0625$$
$$= 975.625$$

②十进制数转换成 r 进制数。整数部分:除 r 取余,将余数从下往上取;小数部分:乘 r 取整,将取整的结果按顺序取。

【例7】 将$(35.625)_{10}$转换成二进制数。

将 35.625 分为整数部分和小数部分分别转换。

整数部分转换(除二取余,从高位向低位取余数)

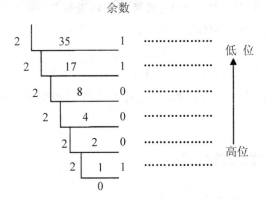

因此:$(35)_{10} = (100011)_2$。

小数部分转换(乘二取整,将取整的结果顺序取出)

$$0.625 \times 2 = 1.25 \cdots\cdots 1$$
$$0.25 \times 2 = 0.5 \cdots\cdots 0$$
$$0.5 \times 2 = 1.0 \cdots\cdots 1$$

因此：$(0.625)_{10} = (101)_2$。

所以：$(35.625)_{10} = (100011.101)_2$。

说明：对于小数部分的转换，当乘二取整以后剩余的小数部分为 0 时就结束了，但如果一直不为 0，则可根据精度要求，选择一定的位数后停止。

根据同样的道理，可将十进制整数通过"除 8 取余"和"除 16 取余"法转换成相应的八进制和十六进制整数。

（2）二进制数与八进制数转换。

将二进制数转换成八进制数时，只需以小数点为界，分别向左、向右，每三位二进制数分为一组，不足三位时用 0 补足三位（整数在高位补零，小数在低位补零）。然后，将每组分别用对应的一位八进制数替换，即可完成转换。

【例 8】 把 $(11010101.0100101)_2$ 转换成八进制数，则

$(011 \quad 010 \quad 101.010 \quad 010 \quad 100 \quad)_2$

$(3 \quad 2 \quad 5 \quad 2 \quad 2 \quad 4 \quad)_8$

因此：$(11010101.0100101)_2 = (325.224)_8$。

将八进制数转换成二进制数时，只要将每位八进制数用相应的三位二进制数替换，即可完成转换。

（3）二进制数与十六进制数的转换。

二进制数转换成十六进制数时，由于 $2^4 = 16$，一位十六进制数相当于四位二进制数。只需以小数点为界，分别向左、向右，每四位二进制数分为一组，不足四位时用 0 补足四位（整数在高位补零，小数在低位补零）。然后，将每组分别用对应的一位十六进制数替换，即可完成转换。

【例 9】 把 $(1011010101.0111101)_2$ 转换成十六进制数，则

$(0010 \quad 1101 \quad 0101.0111 \quad 1010 \quad)_2$

$(2 \quad D \quad 5 \quad 7 \quad A \quad)_{16}$

因此：$(1011010101.0111101)_2 = (2D5.7A)_{16}$。

对于十六进制数转换成二进制数，只要将十六进制数用相应的四位二进制数替换，即可完成转换。

1.2.3 计算机中数据的存储

1.计算机采用二进制的原因

前面提到，在计算机内部，数据都是以二进制的形式存储和运算的。计算机采用二进制的原因在于：

（1）物理上易于实现。因为具有两种稳定状态的物理器件是很多的，如门电路的导通与截止、电压的高与低，而它们恰好可对应表示 1 和 0 两个符号。如果采用十进制，则

要制造具有十种稳定状态的物理电路,那就非常困难了。

(2)二进制数运算简单。数学推导证明,对 r 进制,其算术求和、求积规则各有 $r(r+1)/2$ 种,如十进制的求和、求积运算规则就有 55 种,而二进制只有 3 种,因而简化了运算器等物理器件的设计。

(3)机器可靠性高。由于电压的高低、电流的通断等都是一种质的变化,两种状态分明,所以基于二进制数据编码的传输抗干扰能力强,鉴别信息的可靠性高。

(4)通用性强,有很好的逻辑功能。基于二进制编码不仅可以表示数值型数据,也适用于各种非数值信息的数字化编码。特别是仅有的两个符号 0 和 1 正好与逻辑命题的"真"与"假"相对应,从而为计算机实现逻辑运算和逻辑判断提供了方便。

2.计算机中数据的存储单位

在计算机内部所有信息是采用二进制形式数据进行存取、处理和传送的,因为,二进制具有运算简单、可靠性高的特点。计算机中数据的表示经常用到下面儿个概念:

(1)位。位是指一位二进制数,英文名称是 bit。位是计算机中数据的最小单位。一位二进制数只能用两种符号表示,即"0"或"1"。

(2)字节。字节是计算机中用来表示存储空间大小的最基本的容量单位,一个字节由 8 个位组成,即 1 Byte＝8 bit。除用字节(Byte,简称为 B)为单位表示存储空间的容量外,还可以用千字节(KB)、兆字节(MB)、吉字节(GB)及太字节(TB)等单位表示存储空间容量。各单位之间的转换关系如下:

1 KB＝1024 B

1 MB＝1024 KB＝1024×1024 B

1 GB＝1024 MB＝1024×1024 KB＝1024×1024×1024 B

1 TB＝1024 GB＝1024×1024 MB＝1024×1024×1024 KB

　　　＝1024×1024×1024×1024 B

(3)字。一个字通常由一个或若干个字节组成。字(Word)是计算机进行数据处理时,一次存取、加工和传送的数据长度。由于字长是计算机一次所能处理信息的实际位数,所以,它决定了计算机数据处理的速度,是衡量计算机性能的一个重要指标,计算机字长越长,反映出它的性能越好。

1.3　计算机系统的组成和功能

计算机系统由计算机硬件系统（Hardware System）和计算机软件系统（Software System）两大部分组成，如表1－3所示。

表1－3　计算机系统组成

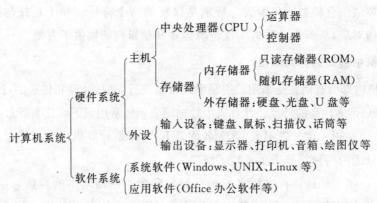

目前使用的计算机采用的仍是冯·诺依曼结构。这种结构的计算机特点有：计算机硬件均由运算器、控制器、存储器、输入和输出设备组成；计算机采用二进制数表示信息；采取存储程序控制，将程序以及所需要的数据预先存储在内存中，然后在CPU的控制下自动运算。

1.3.1　计算机硬件系统

硬件系统是组成计算机的物理装置。计算机的硬件系统由主机和外设两部分组成。而主机由中央处理器（CPU）、内存储器、主板、外存储器等设备组成；外设由输入设备、输出设备、外存储器组成。

1.主机

主机是指安装在计算机机箱内的主要部件，在主机箱中有：主板、CPU、内存、电源、显卡、声卡、网卡、硬盘、软驱、光驱等硬件。其中，主板、CPU、内存、硬盘、电源、显卡是必需的，只要主机工作，这几样缺一不可。常见主机箱如图1－5所示。

2.主板

主板是电脑中最重要的部件之一，是整个电脑工作的基础，常见的主板是ATX主板。主板由以下几个部分组成：CPU插槽（插座）、内存插槽、总线扩展槽、硬盘、软驱、串口、并口等外设接口，还有时钟、CMOS主板、BIOS等控制芯片，如图1－6所示。

图 1—5 主机箱

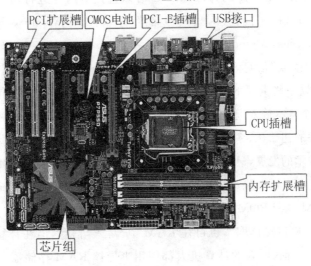

图 1—6 主板

3.CPU

中央处理器(CPU)是计算机的核心部件,它由运算器和控制器组成。运算器又称逻辑部件(Arithmetic Logic Unit),其主要功能是执行算术运算和逻辑运算。算术运算包括加、减、乘、除及它们的复合运算。逻辑运算包括一般的逻辑判断和逻辑比较。控制器(Control Unit)是控制计算机各部件相互协调、共同完成某个任务的部件。在控制器控制下,计算机能够自动、连续、有序地按照给定的指令进行工作。

CPU 的性能指标直接决定了由它构成的微型计算机系统的性能指标。它的性能指标主要有字长、时钟频率和各级缓存三个,如图 1—7 所示。

图 1—7 CPU

4．存储器

存储器(Memory)是计算机的记忆装置，用来保存数据和程序，以字节(Byte)作为最基本的存储单元，每个字节保存8位(bit)二进制信息。存储器中存储单元的数目称为存储容量。存储器分为内存储器(又称内存)和外存储器(又称辅助存储器)。

(1)内存储器。

内存储器，简称内存。内存大多以半导体作为介质，是CPU用来存放当前正在使用的程序、数据、运算结果等信息的部件。CPU可以直接对内存进行访问，即"读取"和"写入"。内存按工作方式的不同，分为只读存储器(Read Only Memory,ROM)和随机存取存储器(Random Access Memory,RAM)。

ROM中可被"读取"信息，但不能"写入"。断电后ROM中的信息不会丢失，因此，ROM一般用于存放一些重要的且经常使用的程序及系统硬件的配置信息。如在主板的ROM里固化了一个基本输入/输出系统，称为BIOS，其主要作用是完成对系统的加电自检、系统中各功能模块的初始化、系统的基本输入/输出的驱动程序以及引导操作系统到内存中。随着半导体技术的发展，已经出现了多种形式的只读存储器，如可编程的只读存储器(Programmable ROM)、可擦除可编程的只读存储器(Erasable Programmable ROM)以及掩膜型只读存储器(Masked ROM)等。

RAM中的信息可被"读取"，也可往RAM中"写入"信息，但在计算机断电后，RAM中的信息会消失。目前，所有的计算机大都使用半导体RAM存储器。依据存储元件结构的不同，RAM又可分为静态随机存储器(Static RAM)和动态随机存储器(Dynamic RAM)。

内存主要有存储容量和时钟周期等指标。存储容量是指内存的存储单元的总数，它以字节(Byte)为单位。时钟周期是指内存所能运行的工作频率，频率越高，时钟周期越小。时钟周期反映的是从内存"读取/写入"数据所需的时间。显然，时钟周期越小，微机的运算速度越快。目前内存的工作频率在100 MHz以上。

目前，计算机中的内存主要采用双倍数据传输率(Double Data Rate,DDR)技术，它的特点是在一个时钟周期内可以传输n次数据，从而在不提高内存工作频率的情况下，将理论数据传输率提高n倍。常用的内存储器如图1—8所示。

图1—8 内存储器

(2)外存储器。

外存储器(简称外存)又称辅助存储器。目前微机常用的外存储器有硬盘、光盘和移动存储器等。外存储器的特点是存储容量大、价格较低、存储速度慢。外存储器不能被 CPU 直接访问，一般用于保存暂时不用但又需长期保存的程序和数据。

①硬盘(Hard Disk)。硬盘是计算机中不可或缺的最重要的外存储器，包括操作系统在内的各种软件、程序、数据都要保存到硬盘上。硬盘在工作时不能震动、摇晃，因为这样容易造成磁头与盘片接触，从而损坏盘片。盘片损伤轻则造成数据丢失，重则使整个硬盘无法使用。此外，还须注意防潮、防尘以及远离强磁场，因为强磁场会导致硬盘中的数据丢失。常见的硬盘如图 1—9 所示。

图 1—9　硬盘

②光盘(Optical Disk)。光盘盘片的材质是塑料，它是采用激光技术将数据信息存储在光盘盘片中。光盘具有体积小、速度快、容量大、可靠性高等特点。目前光盘有只读型光盘(CDROM)、一次写入光盘(CD—R)、可擦可写型光盘(CD—RW)以及 DVD—RAM 等。

③移动存储器。移动存储器是一种采用 USB 接口，使用闪存芯片(FlashMemory)作为存储介质，不需要驱动器，无外接电源，即插即用，带电插拔的存储器产品。它具有体积小巧、使用方便、速度较快、价格适中等特点，是一种便携式存储器，如图 1—10、图 1—11 所示。

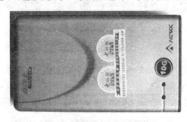

图 1—10　移动硬盘

图 1—11　U 盘

5.接口与总线

(1)接口。接口是 CPU 与 I/O 设备的桥梁，它在 CPU 与 I/O 设备之间起着信息转换、速度匹配和协调的作用。它是外部设备与计算机连接的端口。在计算机上常见的接口有串行接口、并行接口、USB 接口、IEEE1394 接口、硬盘接口等。硬盘接口的主要接口方式有 SATA 接口、IDE 接口、EIDE 接口、SCSI 接口。

(2)总线。总线是连接计算机 CPU、主存储器、外存储器、各种输入/输出设备的一组物理信号线及其相关的控制电路，它是计算机传输各部件信息的公共通道。CPU 芯片内部的总线称为内部总线，连接系统各部件间的总线称为外部总线或系统总线。总线从功能上可分为数据总线(DB)、地址总线(AB)和控制总线(CB)三大类，分别用来传输数据信息、地址信息和控制信息。

6.外部设备

(1)输入设备。

输入设备是计算机用来接收用户输入的程序和数据的设备。它的功能是将(包括文

字、图像、声音、数值)等信息从人们熟悉的形式转换成计算机能接受的形式,输入到计算机内存中。常见的输入设备有键盘、鼠标、扫描仪等。

①键盘(Keyboard)。键盘是一种字符输入设备,主要用于向计算机输入数字、英文字母、标点符号、基本图形符号等。目前在微型计算机上常用的是 101 键或 104 键键盘,键盘按键从功能方面分为四个部分:主键盘、数字小键盘、功能键和编辑键,如图 1—12 所示。

图 1—12　104 键盘

②鼠标。鼠标是鼠标器(Mouse)的简称,是一种"指点"型的输入设备。由于操作简便、高效而被广泛用于图形用户界面环境下,可以取代键盘移动光标、定位光标、完成菜单系统特定的命令操作或按钮等功能。鼠标一般分为机械式、光电式和无线遥控式,目前常用的鼠标为两键光电鼠标。

(2)输出设备。

输出设备是将计算机处理后的信息以人们能够识别的形式(如文字、图形、数值、声音等)进行显示和输出的设备。常用的输出设备有显示器、打印机、绘图仪等。

1)显示器。显示器是计算机中最重要的输出设备,其作用是将主机发出的模拟信号或者数字显示信号经一系列处理后转换成光信号,并最终将文字、图形显示出来。显示器依据工作原理的不同分为阴极射线管显示器(CRT)、液晶显示器(LCD)和等离子显示器;按显示颜色不同分为单色和彩色显示器。目前微型计算机以 CRT 和 LCD 显示器为主,如图 1—13、图 1—14所示。

图 1—13　CRT 显示器

图 1—14　LCD 显示器

显示器的主要技术指标有显示尺寸、显示比例、点距、分辨率、刷新频率等。显示器所显示的图形和文字是由许多的"点"组成，这些点称为像素。点距是显示屏上相邻两个像素之间的距离。点距越小，图像越清晰。分辨率是指显示屏的水平方向和垂直方向上的像素数目的乘积，如 800×600、1024×768、1280×1024 和 1440×900 等，前者表示水平方向所能显示的水平点数，后者表示垂直方向所能显示的垂直点数。显示器显示图像的清晰程度，主要取决于显示器的分辨率，对于相同尺寸的显示器而言，分辨率越高，图像越清晰，但是字体也越小。

显示器需要配备相应的显示卡才能工作。显示卡一般被插在主板的扩展槽内或集成在主板上，并通过系统总线与 CPU 相连。当 CPU 有运算结果或图形要显示时，首先将数字信号送到显示卡，再由显示卡的显示芯片把数字信号经过各种复杂的运算转换成显示器能够识别的模拟信号或数字信号，并通过显示卡的输出接口传给显示器。

显示器的显示效果是由显示卡来控制的。显示卡标准有 MDA、CGA、EGA、VGA 和 AVGA 等。目前常用的是 VGA 标准。显示卡一般由下面几个部分组成：显示芯片、显存、显示 BIOS、数模转换部分和总线接口。

刷新频率是指屏幕刷新速度。刷新频率越低，图像闪烁和抖动就越厉害。对于 CRT 显示器来说，85 Hz 以上的刷新频率可基本看不到闪烁。液晶显示器无此限制。

2）打印机。打印机的功能是将文字、图片等打印在纸上。常用的打印机有三种类型：针式打印机、喷墨打印机和激光打印机，如图 1—15 所示。

图 1—15　针式、喷墨、激光打印机

①针式打印机。针式打印机的工作原理是根据字符的点阵图形或图像的点阵图形数据，利用电磁铁驱动钢针，通过击打色带在纸上打印出一个墨点，从而形成字符或图像。针式打印机的打印质量差、速度低、噪声高，但打印成本低。

②喷墨打印机。喷墨打印机是利用喷墨印字技术，即从细小的喷嘴喷出墨水滴，在纸上形成点阵字符或图形的打印机。按喷墨技术的不同，喷墨打印机分为常温压电式和气泡式两种工作方式，喷墨打印机的打印质量、速度、噪声以及成本属于中等层次。

③激光打印机。激光打印机是利用电子成像技术进行打印。当调制激光束在硒鼓下沿轴方向进行扫描时，按点阵组字的原理，使鼓面感光，构成负电荷阴影。当鼓面经过带正电荷的墨粉时，感光部分就吸附上墨粉，然后将墨粉转印到纸上，纸上的墨粉经加热

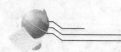

熔化形成永久性的字符和图形。它的特点是速度快、无噪声、分辨率高,但打印机的价格较高和打印成本一般。

1.3.2 计算机软件系统

计算机软件是指计算机系统中的程序及其文档,程序是计算任务的处理对象和处理规则的描述;文档是为了便于了解程序所需的阐明性资料。按软件的作用,一般可以分为以下几类:

(1)系统软件。系统软件是服务于其他程序的程序集,一般由计算机生产厂家配置,如操作系统、汇编程序、编译程序、数据库管理系统及计算机通信与网络软件等。

(2)应用软件。应用软件则是在系统软件的基础上,为解决特定的领域应用问题而开发的软件。按其性质不同可以分为事务软件、实时软件、工程和科学软件、嵌入式软件、基于 Web 的软件和人工智能软件等。

1.3.3 计算机的硬件结构

目前计算机采用的仍是冯·诺依曼结构,是由美籍匈牙利科学家冯·诺依曼奠定的。这种结构的计算机的特点是:计算机硬件均由运算器、控制器、存储器、输入和输出设备五大部分组成,这五大部分成为目前各型号计算机的理论模型,如图 1—16 所示。

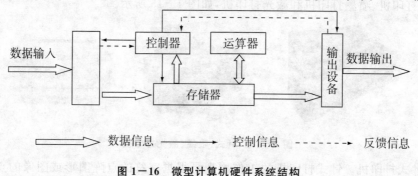

图 1—16 微型计算机硬件系统结构

1.4 计算机信息安全基础

1.4.1 计算机信息安全基本知识

1.信息安全的重要性

在数据处理设备,特别是计算机广泛使用之前,人们主要是通过物理手段和管理制度来保证信息的安全。随着计算机技术的发展,人们越来越依赖于计算机等自动化设备来存储文件和信息。分布式系统和通信网络的出现和广泛使用,对当今信息时代的重要性是不言而喻的。随着全球信息化过程的不断推进,越来越多的信息将依靠计算机来处理、存储和转发。信息的存储、传输过程及网上复杂的人群可能产生各种信息安全问题,如信息被盗取、篡改、删除等。信息安全问题不但威胁国家安全,也威胁企业、公司和个人的安全。信息安全问题已成为社会广泛关注的问题之一。

2.信息安全技术概述

计算机网络的快速发展与普及为信息的传播提供了便捷的途径,但同时也带来了极大的安全威胁。从本质上说,威胁信息安全的根源可分为两大类:

(1)信息系统的物理损坏。

作为信息系统物质基础的计算机硬件损坏。

(2)信息数据的破坏。

信息数据的破坏指在计算机硬件系统完好的情况下,因人们无意或恶意的操作使信息数据遭到破坏。

目前信息安全面临的威胁主要有以下几个方面:

①非授权访问。非授权访问指没有得到系统管理员的同意,擅自使用网络或计算机资源。

②信息泄漏。信息泄漏指一些敏感数据在有意或无意中被泄漏或丢失。常见的信息泄漏有:信息在传输中丢失或泄漏,信息在存储介质中丢失或泄漏,通过建立隐蔽隧道窃取敏感信息等。

③破坏数据完整性。破坏数据完整性指以非法手段窃得数据的使用权,删除、修改、插入或重发某些重要信息,以取得有益于攻击者的响应;恶意添加、修改数据,以干扰用户的正常使用。

④传播病毒。计算机病毒的最主要传播方式就是通过计算机网络。

当前的网络环境中,为了有效地保护好自己的重要信息提出一些安全策略:

①操作系统的安全设置。做好对用户的管理,及时安装操作系统的"补丁",尽量关闭不需要的组件和服务程序。

②控制出入网络的数据。

③查杀计算机病毒。安装防病毒软件,更新病毒信息,升级防病毒功能,全面查杀病毒。

1.4.2 计算机病毒的基本知识

1.计算机病毒的概念

计算机病毒是一种特殊的具有干扰和破坏性的计算机程序。它通过非授权入侵而隐

藏在可执行程序或数据文件中,在一定条件下能够修改其他程序,并且进行扩散、复制和传播,影响系统正常运行,抢占系统资源,修改或删除数据,会对系统造成不同程度的破坏。

2.计算机病毒的特征

计算机病毒是指破坏计算机功能或者毁坏数据,影响计算机使用,并能自我复制的一组计算机指令或程序代码。计算机病毒主要有以下几种特性:

(1)传染性。

传染性是计算机病毒最重要的一个特征,病毒程序一旦侵入计算机系统,就通过自我复制迅速传播。

(2)隐蔽性。

计算机病毒是一种具有很高编程技巧的可执行程序,它通常总是想方设法隐藏自身,防止用户察觉。

(3)潜伏性。

计算机病毒具有依附于其他媒体而寄生的能力,这种媒体称之为计算机病毒的宿主。依靠病毒的寄生能力,病毒可以悄悄隐藏起来,然后在用户不察觉的情况下进行传染。

(4)破坏性。

无论何种病毒程序一旦侵入系统,都会对操作系统及应用程序的运行造成不同程度的影响。即使不直接产生破坏作用的病毒程序也要占用系统资源。而绝大多数病毒程序要显示一些文字或图像,影响系统的正常运行,还有一些病毒程序删除文件,甚至毁坏整个系统和数据,使之无法恢复,造成无可挽回的损失。

(5)不可预见性。

病毒的制作技术不断提高,从病毒的检测角度看,病毒具有不可预见性,病毒对反病毒软件来讲是超前的。

(6)寄生性。

这是病毒最基本的特征,指病毒对其他文件或系统进行一系列非法操作,使其带有这种病毒,并成为该病毒的一个新的传染源的过程。

(7)触发性。

计算机病毒一般都有一个或者几个触发条件。一旦满足触发条件或者激活病毒的传染机制,使之进行传染;或者激活病毒的表现部分或破坏部分。

3.计算机病毒的危害

(1)硬盘无法启动,数据丢失。

(2)系统文件丢失或被破坏。

(3)文件目录发生混乱。

（4）部分文档丢失或被破坏。

（5）部分文档自动加密。

（6）系统主板的 BIOS 程序混乱,主板被破坏。

（7）网络瘫痪,无法提供正常服务。

4.计算机病毒的清除与预防

为了尽可能地避免被病毒感染,最大可能地减少或不受损失,平时应坚持以预防为主,正确、安全地使用计算机。

（1）计算机感染病毒后,一般可采用的清除方法有软件方法和硬件方法。

①软件方法。使用反病毒软件、杀毒软件进行查杀病毒,如瑞星杀毒软件 2010 等。

②硬件方法。硬件方法是利用防病毒卡来清除和检查病毒。

（2）计算机病毒的预防措施。

①不用盗版软件和来历不明的磁盘,其他人的磁盘在计算机中读写前,须先查杀病毒。

②不在网络中随意下载文件,以防感染病毒。

③经常用杀毒软件对系统(硬盘和软盘)进行病毒检测和清除杀毒。

④定期对杀毒软件进行更新。

⑤经常对系统和重要的数据进行备份。

1.4.3 计算机道德规范和法规

计算机道德规范是用来约束计算机从业人员和计算机用户的言行,指导他们思想的一整套道德规范。计算机法规是国家为保障计算机信息系统安全制定的相关法律条款。

1.计算机与网络用户道德

目前,大多数计算机用户都与 Internet 相连,在充分享用网络资源的同时,也出现了一些不道德的行为。以下列出六种普遍公认的网络不道德行为:

（1）有意地造成网络交通混乱而擅自闯入网络及其相连的系统。

（2）商业性或欺骗性地利用大学计算机资源。

（3）偷窃资料、设备或智力成果。

（4）未经许可而接近他人的文件。

（5）在公共场合做出引起混乱或造成破坏的行为。

（6）伪造电子邮件信息。

为维护每个计算机用户及网民的合法权益,必须用统一的公共道德和行为规范来约束自己。其中包括网络礼仪和网络行为守则。

美国计算机伦理协会为计算机伦理学制定了十条戒律:

(1)不应用计算机去伤害他人。

(2)不应干扰他人的计算机工作。

(3)不应窥探他人的文件。

(4)不应用计算机进行偷窃。

(5)不应用计算机作伪证。

(6)不应使用或复制没有付钱的软件。

(7)不应未经许可而使用他人的计算机资源。

(8)不应盗用他人的智力成果。

(9)应该考虑你所编的程序的社会后果。

(10)应该以深思熟虑和慎重的方式来使用计算机。

2.国内外计算机信息系统安全法规简介

发达国家关注计算机安全立法是从 20 世纪 60 年代后期开始的。世界上第一部直接涉及计算机安全问题的法规是瑞典 1973 年颁布的《数据法》,随后丹麦等西欧各国都先后颁布了数据法或数据保护法,1991 年欧洲共同体 12 个成员国批准了软件版权法;美国在 20 世纪 80 年代后先后出台了《可信计算机系统评价准则》、《计算机诈骗条例》、《计算机安全条例》等。

在我国,1983 年 7 月,公安部成立了计算机管理监察局,主管全国的计算机安全治理工作。公安部于 1987 年 10 月出台了我国第一部有关计算机安全工作的管理规范《电子计算机系统安全规范(试行草案)》。到目前为止,我国已经颁布的与计算机信息系统安全问题有关的法律法规主要还有:《计算机软件保护条例》、《计算机软件著作权登记办法》、《中华人民共和国计算机信息系统安全保护条例》、《中华人民共和国计算机信息网络国际联网管理暂行规定》、《计算机信息网络国际联网安全保护管理办法》等。

上述各项法规对信息系统安全保护制度、安全监督制度、法律责任等都作了明确的规定,对不得利用国际互联网制作、查阅和传播的信息内容,分门别类地进行了列举,明确划定了什么是网络犯罪、怎样追究网络犯罪刑事责任等。

 思 考 题

1.计算机的发展经历了哪几个时代？所采用的元器件分别是什么？

2.计算机系统由哪几部分组成？

3.计算机硬件由哪几个部分组成？它们各自的功能是什么？

4.计算机病毒的特征有哪些？

5.如何防范计算机病毒？

6.计算机用户和专业人员应遵守哪些道德规范？

第 2 章

Windows XP操作系统

 学习指导

本章以 Windows XP 中文版为例,主要介绍操作系统的概念、基本知识与基本操作,为熟练掌握 Windows 操作系统打下基础。

 学习目标

(1)了解操作系统的概念、特点、功能、分类。

(2)掌握 Windows 的启动与退出。

(3)掌握 Windows 的基本知识和基本操作。

(4)学会使用"Windows 资源管理器"管理文件和文件夹。

(5)学会使用"我的电脑"管理文件或文件夹。

(6)学会使用"回收站"删除文件或文件夹。

(7)熟悉 Windows 控制面板。

2.1 操作系统概述

2.1.1 操作系统及其地位

操作系统(Operating System,OS)是最基本的系统软件,是有效控制和管理计算机所有硬件和软件资源的一组程序的集合。操作系统是配置在计算机硬件上的第一层软件,是对硬件功能的扩充。也就是说,操作系统不仅是计算机硬件和其他软件系统的接口,也是用户和计算机进行交流的界面,使用户能够有效地运用计算机进行工作。根据操作系统的功能和使用环境,大致可分为以下几类:单用户操作系统、批处理操作系统、分时操作系统、实时操作系统、网络操作系统、分布式操作系统等。如 DOS、Windows、UNIX、Linux 等。

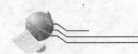

2.1.2 操作系统的功能

计算机系统资源常被分为四类：中央处理器、内外存储器、外部设备、程序和数据。因此，从资源管理的角度出发，操作系统的功能可归纳为处理器管理、存储器管理、设备管理、文件管理。但由于处理器管理复杂，可分为静态管理和动态管理，所以一般将中央处理器管理又分为作业管理和进程管理两个部分。

1. 作业管理（Job Management）

作业管理的任务是为用户提供一个使用系统的良好环境，使用户能有效地组织自己的工作流程。用户要求计算机处理某项工作称为一个作业，一个作业包括程序、数据以及解题的控制步骤。用户一方面使用作业管理提供"作业控制语言"来书写自己控制作业执行的操作说明书；另一方面使用作业管理提供的"命令语言"与计算机资源进行交互活动，请求系统服务。

2. 进程管理（Process Management）

进程管理又称为处理机管理，实质上是对处理机执行"时间"的管理，即如何将 CPU 真正合理地分配给每个任务。进程管理主要是对中央处理机（CPU）进行动态管理。由于 CPU 的工作速度要比其他硬件快得多，而且任何程序只有占有了 CPU 才能运行，因此，CPU 是计算机系统中最重要、最宝贵、竞争最激烈的硬件资源。

为了提高 CPU 的利用率，采用多道程序设计技术（Multiprogramming）。当多道程序并发（Erupt Simultaneously）运行时，引进进程的概念（将一个程序分为多个处理模块，进程是程序运行的动态过程）。通过进程管理，协调（coordinate）多道程序之间的 CPU 分配调度、冲突处理及资源回收等关系。

3. 存储器管理（Memory Management）

存储器管理就是要根据用户程序的要求为用户分配主存储区域。当多个程序共享有限的内存资源时，操作系统就按某种分配原则，为每个程序分配内存空间，使各用户的程序和数据彼此隔离，互不干扰及破坏；当某个用户程序工作结束时，要及时收回它所占用的主存区域，以便再装入其他程序。另外，操作系统利用虚拟内存技术，把内、外存结合起来，共同管理。

4. 设备管理（Device Management）

设备管理实质是对硬件设备的管理，其中包括对输入输出设备的分配、启动、完成和回收。设备管理负责管理计算机系统中除了中央处理器和主存储器以外的其他硬件资源，是系统中最具有多样性和变化性的部分。

5. 文件管理（File Management）

文件管理是操作系统对计算机系统中软件资源的管理。通常由操作系统中的文件系统来完成这一功能。文件系统是由文件、管理文件的软件和相应的数据结构组成。

文件管理有效地支持文件的存储、检索和修改等操作,解决文件的共享、保密和保护问题,并提供方便的用户界面,使用户能实现按名存取,同时,使用户不必考虑文件如何保存以及存放的位置,但也要求用户按照操作系统规定的步骤使用文件。

2.1.3 操作系统的特征

操作系统的基本特征有:并发、共享和异步性。

(1)并发,指两个或多个程序在同一给定的时间间隔中进行。

(2)共享,计算机系统中的资源被多个任务使用,如共享内存、打印机等。

(3)异步性,表示各程序在执行过程中"走走停停"的性质。

2.2 Windows XP 基本操作

Windows XP 的中文全称为视窗操作系统体验版,是微软公司发行的一款视窗操作系统,有家庭版(Home)和专业版(Professional)两个版本。Windows XP 具有运行可靠、稳定而且速度快的特点,它不但运用更加成熟的技术,而且外观设计趋近清新明快,使用户有良好的视觉享受。

2.2.1 Windows XP 的启动与关闭

1. 启动 Windows XP

只要成功地安装了 Windows XP,每次打开计算机时就会自动启动,过程如下:

① 打开电源开关,计算机进行自检,并在屏幕上显示自检信息;

② 自检正常结束后,开始启动 Windows XP;

③ Windows 自动装载后显示出 Windows XP 启动后的屏幕,如图 2—1 所示。

2. 关闭 Windows XP

①单击"开始"按钮,选择"关闭计算机"选项,如图 2—2 所示。

②弹出"关闭计算机"对话框,选择"关闭(U)"按钮即可。

③系统显示"正在关闭"。

"关闭计算机"对话框各按钮功能如下:

①待机:当用户选择"待机"选项后,系统将保持当前的运行,计算机将转入低功耗状态,当用户再次使用计算机时,只需在桌面上移动鼠标即可以恢复原来的状态。

②关闭:选择此选项后,系统将停止运行,保存设置退出,并且会自动关闭电源。用

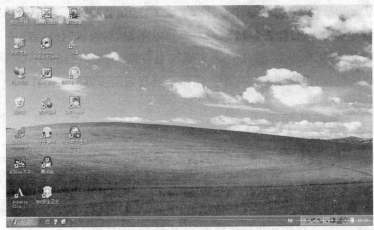

图 2-1　Windows XP 桌面

图 2-2　关闭 Windows 对话框

户不再使用计算机时选择该项可以安全关机。

③重新启动：选择此选项后，系统将关闭并重新启动计算机。

2.2.2 Windows 桌面

"Windows 桌面"就是启动 Windows 成功后的屏幕界面，即屏幕工作区，包括图标、"开始"菜单、任务栏和背景等。

1．图标

Windows 的各种组成元素，包括程序、驱动品、文件、文件夹等称为对象。图标则是代表这些对象的图像，双击这些图标即可打开或显示图标所代表的应用程序、文件以及信息。

2．"开始"菜单

Windows 通过"开始"菜单来打开应用程序、查找所需文件或文件夹等操作。对"开始"菜单的定制可通过右击"任务栏"空白处，选择快捷菜单的"属性"命令，弹出"任务栏和「开始」菜单属性"对话框，如图 2-3 所示。在"「开始」菜单"选项卡中可完成对「开始」

菜单的定制。

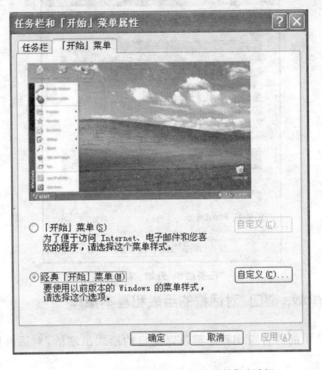

图 2-3　"任务栏和「开始」菜单属性"对话框

3. 任务栏

任务栏的主要功能是使同时打开的多个应用程序在用户的选择下交互使用。

(1)任务栏的组成。

任务栏一般位于桌面的最下方,显示的是系统正在运行的程序。任务栏由"开始"菜单、快速启动工具栏、窗口按钮栏和通知区域等几部分组成,如图 2-4 所示。

图 2-4　Windows XP 任务栏

(2)任务栏的定制。

方法:右击"任务栏"空白处,选择快捷菜单的"属性"命令,弹出"任务栏和「开始」菜单属性"对话框,如图 2-5 所示。在"任务栏"选项卡中可完成对任务栏的定制。

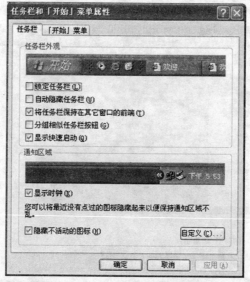

图2-5 "任务栏和「开始」菜单属性"对话框

2.2.3 Windows 窗口、对话框的组成和基本操作

Windows XP 中的所有应用程序都是以窗口的形式出现的,对话框则是进行各种设置的主要场所。

1.窗口

用户可以在窗口中查看程序、文件、文件夹、图标等。

(1)窗口的组成。

在 Windows XP 中,所有窗口的外观和操作方法都基本相同,一个典型的窗口主要由标题栏、菜单栏、工具栏、地址栏、任务窗格和状态栏等元素构成,如图2-6所示。

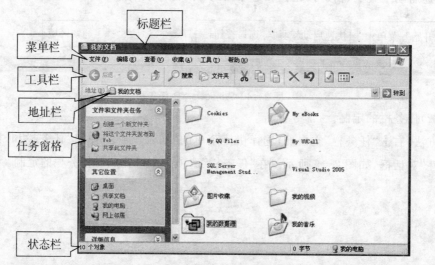

图2-6 "我的文档"窗口

（2）窗口的基本操作。

对窗口的基本操作包括调整窗口大小、移动、排列、切换或关闭窗口等。

2. 对话框

对话框是一种特殊的窗口，其大小一般是固定的，通常提供一些参数选项供用户设置，如图 2—7 所示。对话框通常包含标题栏、选项卡、复选框、单选按钮、文本框和列表框等。

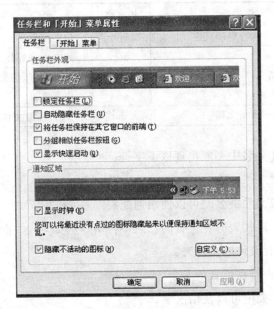

图 2—7　"任务栏和「开始」菜单"对话框

2.3　管理文件和文件夹

文件和文件夹是计算机中比较重要的概念之一，在 Windows XP 中，几乎所有的任务都要涉及文件和文件夹的操作。本节将要介绍设置文件和文件夹、搜索文件和文件夹、共享文件夹、自定义文件夹以及如何使用资源管理器管理文件和文件夹等内容。

2.3.1　设置文件和文件夹

文件就是用户赋予了名字并存储在磁盘上的信息的集合，它可以是用户创建的文档，也可以是可执行的应用程序、一张图片、一段声音等。文件夹是系统组织和管理文件的一种形式，是为方便用户查找、维护和存储而设置的，用户可以将文件分门别类地存放在不同的文件夹中。在文件夹中可存放所有类型的文件和下一级文件夹、磁盘驱动器及打印队列等内容。

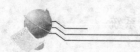

Windows XP中文件和文件夹的命名规则如下：

（1）文件或文件夹名，最多可用255个字符，其中包含驱动器名、路径名、主文件名和扩展名4个部分。

（2）一般情况下，每个文件都有3个字符的文件扩展名，用以标识文件的类型，常用的文件扩展名如表2—1所示。

表2—1　常用文件扩展名

扩展名	文件类型	扩展名	文件类型
.exe	二进制码可执行程序文件	.bmp	位图文件
.txt	文本文件	.html	超文本多媒体语言文件（网页文件）
.doc	Word文档文件	.rar	rar格式压缩文件
.xls	Excel电子表格文件	.wav	声音文件
.ppt	PowerPoint演示文稿	.dat	VCD播放文件

（3）文件名或文件夹名中不能出现以下字符：

/　∶　＊　？　“　＜　＞　|

（4）查找文件名或文件夹名时可以使用通配符“＊”和“？”。

①通配符“＊”：可以代表所在位置的任意字符串。例如，“＊.doc”表示所有的Word文档；“＊.＊”表示所有文件或文件夹。

②通配符“？”：代表所在位置的一个任意字符。

（5）文件名和文件夹中可以使用汉字。

（6）可以使用多分隔符的名字。

2.3.2 创建新文件夹

用户可以创建新的文件夹来存放文件，创建新文件夹的操作步骤如下：

（1）双击“我的电脑”　图标，打开“我的电脑”窗口。

（2）双击要新建文件夹的磁盘，打开该磁盘。

（3）选择“文件”→“新建”→“文件夹”命令，或单击右键，在弹出的快捷菜单中选择“新建”→“文件夹”命令即可新建一个文件夹。

（4）在新建的文件夹名称文本框中输入文件夹的名称，按“Enter”键或用鼠标单击其他地方即可。

2.3.3 移动和复制文件或文件夹

复制文件或文件夹，是将一个文件夹下的文件或子文件夹复制到另一文件夹，同时原文件夹中的对象仍然存在；而移动文件或文件夹是将一个文件夹下的文件或子文件夹移到另一个文件夹中,原文件夹下的内容消失。

移动和复制文件或文件夹的操作步骤如下:

(1)选择要进行移动或复制的文件或文件夹。

(2)单击"编辑"→"剪切"/"复制"命令,或单击右键,在弹出的快捷菜单中选择"剪切"/"复制"命令。

(3)选择目标位置。

(4)选择"编辑"→"粘贴"命令,或单击右键,在弹出的快捷菜单中选择"粘贴"命令即可。

注意:若要一次移动或复制多个相邻的文件或文件夹,可按着"Shift"键选择多个相邻的文件或文件夹;若要一次移动或复制多个不相邻的文件或文件夹,可按着"Ctrl"键选择多个不相邻的文件或文件夹;若非选文件或文件夹较少,可先选择非选文件或文件夹,然后单击"编辑"→"反向选择"命令即可;若要选择所有的文件或文件夹,可单击"编辑"→"全部选定"命令或按"Ctrl＋A"键。

屏幕拷贝操作:按"PrintScreen"键,可以把整个屏幕保存到 Windows 剪贴板中;按"Alt＋PrintScreen"键可以把当前窗口保存到 Windows 剪贴板中,并可以实现粘贴到附件的"画图"程序,以位图形式保存。

2.3.4　重命名文件或文件夹

可给文件或文件夹重新命名,使其更符合要求。

重命名文件或文件夹的具体操作步骤如下:

(1)选择要重命名的文件或文件夹。

(2)单击"文件"→"重命名"命令,或单击右键,在弹出的快捷菜单中选择"重命名"命令。

(3)这时文件或文件夹的名称将处于编辑状态(蓝色反白显示),用户可直接键入新的名称进行重命名操作。

注意:也可在文件或文件夹名称处直接单击两次(两次单击间隔时间应稍长一些,以免使其变为双击),使其处于编辑状态,键入新的名称进行重命名操作。

2.3.5　删除文件或文件夹

当有的文件或文件夹不再需要时,用户可将其删除掉,以利于对文件或文件夹进行管理。删除后的文件或文件夹将被放到"回收站"中,可以选择将其彻底删除或还原到原来的位置。

删除文件或文件夹的操作步骤如下:

(1)选定要删除的文件或文件夹。

(2)选择"文件"→"删除"命令,或单击右键,在弹出的快捷菜单中选择"删除"命令。

(3)弹出"确认文件删除"对话框,如图2-8所示。

图2-8 "确认文件删除"对话框

(4)若确认要删除该文件或文件夹,可单击"是"按钮;若不删除该文件或文件夹,可单击"否"按钮。

提示:以上的操作只是将文件或文件夹移入"回收站"中,并没有从硬盘上清除,如果还需要使用该文件或文件夹,可以从"回收站"中恢复。

2.3.6 删除或还原"回收站"中的文件或文件夹

"回收站"提供了一个安全的删除文件或文件夹的解决方案,用户从硬盘中删除文件或文件夹时,Windows XP会将其自动放入"回收站"中,直到用户将其清空或还原到原位置。

删除或还原"回收站"的文件或文件夹操作步骤如下:

(1)双击桌面上的"回收站"图标 。

(2)打开"回收站"窗口,如图2-9所示。

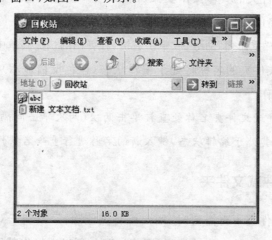

图2-9 "回收站"窗口

(3)若要删除"回收站"中所有的文件和文件夹,可单击"回收站任务"窗格中的"清空回收站"命令;若要还原所有的文件和文件夹,可单击"回收站任务"窗格中的"恢复所有项目"命令;若要还原文件或文件夹,可选中该文件或文件夹,单击"回收站任务"窗格中的"恢复此项目"命令,若要还原多个文件或文件夹,可按着"Ctrl"键,选定文件或文件夹。

　　注意:删除"回收站"中的文件或文件夹,意味着将该文件或文件夹彻底删除,无法再还原;若还原已删除文件夹中的文件,则该文件夹将在原来的位置重建,当回收站充满后,Windows XP 将自动清除"回收站"中的空间以存放最近删除的文件和文件夹。

　　也可以选中要删除的文件或文件夹,将其拖到"回收站"中进行删除。若想直接删除文件或文件夹,而不将其放入"回收站"中,可在拖到"回收站"时按住"Shift"键,或选中该文件或文件夹,按"Shift＋Delete"键。

2.3.7　更改文件或文件夹属性

　　文件或文件夹包含三种属性:只读、隐藏和存档。若将文件或文件夹设置为"只读"属性,则该文件或文件夹不允许更改和删除;若将文件或文件夹设置为"隐藏"属性,则该文件或文件夹在常规显示中将不被看到;若将文件或文件夹设置为"存档"属性,则表示该文件或文件夹已存档,有些程序用此选项来确定哪些文件需要做备份。

　　更改文件或文件夹属性的操作步骤如下:

　　(1)选中要更改属性的文件或文件夹。

　　(2)选择"文件"→"属性"命令,或单击右键,在弹出的快捷菜单中选择"属性"命令,打开"属性"对话框。

　　(3)选择"常规"选项卡,如图 2－10 所示。

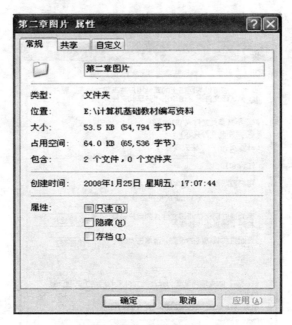

图 2－10　常规选项卡

　　(4)在该选项卡的"属性"选项组中选定需要的属性复选框。

（5）单击"应用"按钮，将弹出"确认属性更改"对话框，如图 2—11 所示。

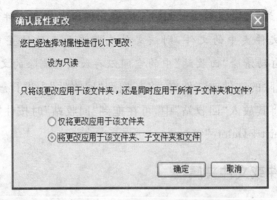

图 2—11 "确认属性更改"对话框

（6）在该对话框中可选择"仅将更改应用于该文件夹"或"将更改应用于该文件夹、子文件夹和文件"选项，单击"确定"按钮即可关闭该对话框。

（7）在"常规"选项卡中，单击"确定"按钮即可应用该属性。

2.3.8 设置共享文件或文件夹

利用计算机网络功能可以设置共享文件或文件夹，实现资源共享。设置共享操作如下：

（1）选定要设置共享的文件夹。

（2）选择"文件"→"共享"命令，或单击右键，在弹出的快捷菜单中选择"共享"命令。

（3）打开"属性"对话框中的"共享"选项卡，如图 2—12 所示。

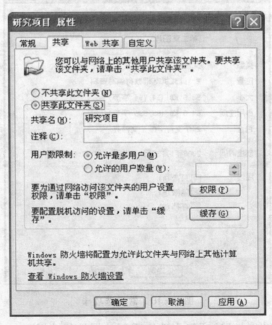

图 2—12 设置文件共享对话框

(4)选中"在网络上共享这个文件夹"复选框,此时"共享名"文本框和"允许其他用户更改我的文件"复选框变为可用状态。用户可以在"共享名"文本框中更改该共享文件夹的名称;若清除"允许其他用户更改我的文件"复选框,则其他用户只能看该共享文件夹中的内容,而不能对其进行修改。

　　(5)设置完毕后,单击"应用"按钮和"确定"按钮即可。

2.3.9 使用文件夹选项

　　在一般情况下,文件夹窗口的内容的显示方式是预先设置好的,如不显示文件扩展名或隐藏文件和文件夹等。

1. 显示或隐藏任务窗格

　　任务窗格可以使用户方便地执行某些常用的任务,但也占用了一部分窗口空间,如图 2-13 所示。如果想要最大限度地利用窗口空间,可以将任务窗格隐藏起来。

图 2-13　显示任务窗格的窗口

　　隐藏任务窗格的操作步骤:

　　(1)打开相应窗口,选择"工具"→"文件夹选项"子菜单,将弹出"文件夹选项"对话框。

　　(2)在"文件夹选项"对话框中选择"常规"选项卡,在任务列表处选择"使用 Windows 传统风格的文件夹",如图 2-14 所示。

　　(3)单击"确定"按钮,设置效果如图 2-15 所示。

　　(4)在"常规"选项卡下也可以设置文件夹的"浏览"窗口。

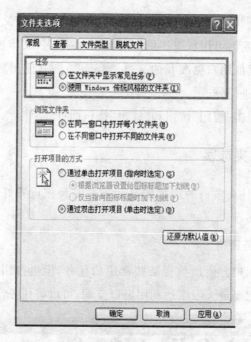

图2-14 "文件夹选项"对话框之"常规"选项卡

图2-15 Windows 传统风格窗口

2. 显示所有文件和文件夹

在默认情况下,具有隐藏属性的文件或文件夹是不显示的。当需要查看它们或对其进行操作时,必须先显示所有文件和文件夹。

显示所有文件或文件夹的操作步骤如下:

(1)打开相应的窗口,选择"工具"→"文件夹选项"子菜单,将弹出"文件夹选项"对话框。

(2)在"文件夹选项"对话框中选择"查看"选项卡,如图2-16所示。

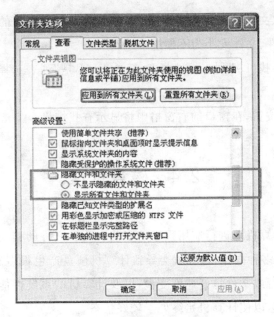

图 2－16　"文件夹选项"对话框

（3）在"高级设置"列表框下选择"显示所有文件或文件夹"。

（4）单击"确定"按钮即可。

2.3.10 查找文件或文件夹

有时忘记某个文件或文件夹在计算机中的存储位置，可以使用"开始"菜单的"搜索"命令完成查找。

查找文件或文件夹的操作步骤如下：

（1）单击桌面"开始"→"搜索"→"文件或文件夹"命令，打开"搜索结果"窗口，如图 2－17 所示。

图 2－17　"搜索"窗口

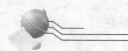

（2）在"要搜索的文件或文件夹名为"文本框中输入需要查找的文件，本例采用查找"E 盘的所有 .txt 文件、文件大小为不超过 10 KB"。

（3）在"在这里寻找（L）"列表框选择盘符；在"大小是"列表选择"指定大小"选项，并设置相关参数。

（4）单击"搜索"按钮，在窗口的右窗格中将显示查找结果。

2.4 磁盘管理

由于频繁地对计算机地进行应用程序的安装、卸载，文件的移动、复制、删除和从 Internet 上下载文件等多种操作，这样就会导致计算机硬盘产生很多磁盘碎片或大量的临时文件等，使程序运行或文件打开速度变慢，以及计算机的系统性能下降等。因此，需要定期对磁盘进行管理，以使计算机始终处于较好状态。

2.4.1 磁盘清理

使用磁盘清理程序可以帮助用户释放硬盘驱动器空间，删除临时文件、优化系统资源，提高系统性能。

执行磁盘清理程序的操作步骤如下：

（1）单击"开始"按钮，选择"程序"→"附件"→"系统工具"→"磁盘清理"命令。

（2）打开"选择驱动器"对话框，在该对话框中选择要进行清理的驱动器，然后单击"确定"按钮。在弹出的"磁盘清理"对话框中选择"磁盘清理"选项卡，如图 2－18 所示。

图 2－18　磁盘清理对话框

（3）在该选项卡的"要删除的文件"列表框中选择相关选项。

（4）单击"确定"按钮，将弹出"磁盘清理"确认删除对话框，单击"是"按钮，弹出"磁盘清理"对话框，如图 2－19 所示。清理完毕后，该对话框将自动消失。

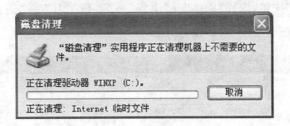

图 2－19　磁盘清理过程

（5）若要删除不用的可选 Windows 组件或卸载不用的安装程序，可选择"其他选项"选项卡，如图 2－20 所示。

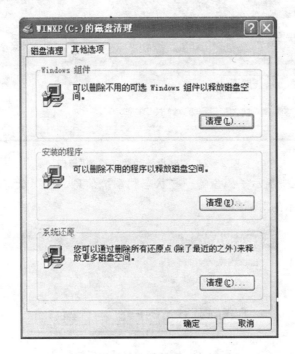

图 2－20　磁盘清理其他选项

（6）在该选项卡中单击"Windows 组件"或"安装的程序"选项组中的"清理"按钮，即可删除不用的可选 Windows 组件或卸载不用的安装程序。

2.4.2 整理磁盘碎片

磁盘（尤其是硬盘）经过长时间的使用后，会出现很多零散的空间和磁盘碎片，一个文件可能会被分别存放在不同的磁盘空间中，这样在访问该文件时系统就需要到不同的磁盘空间中去寻找该文件的不同部分，从而影响了运行的速度。使用磁盘碎片整理程序

可以重新安排文件在磁盘中的存储位置,将文件的存储位置整理到一起,合并可用空间,实现提高运行速度的目的。

整理磁盘碎片的操作步骤如下:

(1)单击"开始"按钮,选择"程序"→"附件"→"系统工具"→"磁盘碎片整理程序"命令,打开"磁盘碎片整理程序"对话框,如图2-21所示。

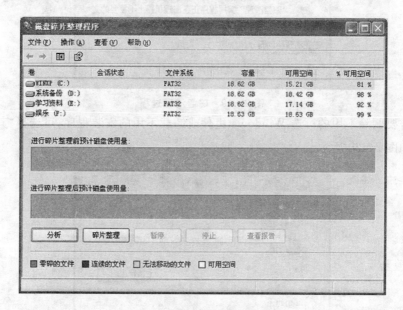

图2-21 "磁盘碎片整理程序"窗口

(2)在该对话框中显示了磁盘的一些状态和系统信息。选择盘符,单击"分析"按钮,弹出如图2-22所示的对话框。

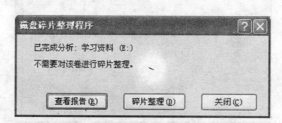

图2-22 磁盘碎片整理分析结果

(3)在该对话框中单击"查看报告"按钮,可弹出"分析报告"对话框,如图2-23所示。

(4)该对话框中显示了该磁盘的卷标信息及最零碎的文件信息。单击"碎片整理"按钮,弹出如图2-24所示的对话框,系统会以不同的颜色条来显示文件的零碎程度及碎片整理的进度。

(5)整理完毕后,提示用户磁盘整理程序已完成。

(6)单击"确定"按钮即可结束"磁盘碎片整理程序"。

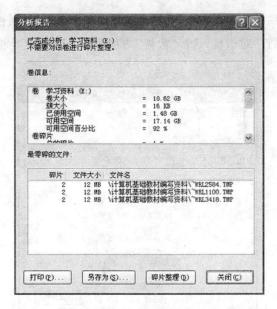

图 2-23　"分析报告"对话框

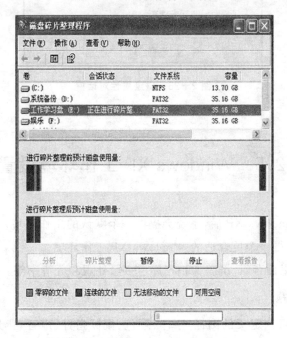

图 2-24　磁盘碎片整理过程

2.4.3 查看磁盘的常规属性

磁盘的常规属性包括磁盘的类型、文件系统、空间大小、卷标信息等。

查看磁盘的常规属性的操作步骤如下：

(1)双击"我的电脑"图标，打开"我的电脑"窗口。

（2）右击要查看属性的磁盘图标，在弹出的快捷菜单中选择"属性"命令。

（3）打开"磁盘属性"对话框，选择"常规"选项卡即可查看磁盘相关信息，如图 2—25 所示。

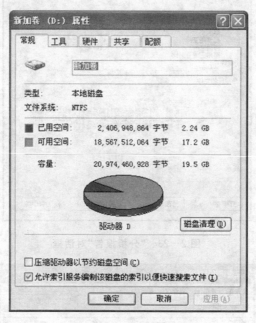

图 2—25　磁盘属性对话框

2.5　Windows XP 工作环境设置

在初次运行 Windows XP 后，系统会提供一个默认的工作环境。可以根据个人爱好更改系统设置，以获得一个更合适的 Windows XP 工作环境。

显示属性包括桌面背景、屏幕保护程序、主题、外观和分辨率等。

1. 设置桌面主题

桌面主题是一组预定义的图标、字体、颜色、鼠标指针、声音、背景图片、屏幕保护程序以及其他窗口元素，用于确定桌面的整个外观。设置桌面主题的操作步骤如下：

①右击桌面，选择快捷菜单中的"属性"命令，或单击"开始"按钮，选择"控制面板"命令，在弹出的"控制面板"对话框中双击"显示"图标。

②打开"显示属性"对话框，选择"桌面"选项卡，如图 2—26 所示。

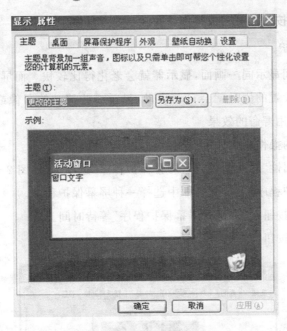

图 2-26　"显示属性"对话框之"主题"选项卡

2. 设置桌面背景

在默认情况下，Windows XP 操作系统的桌面背景是蓝天白云，用户可以选择喜爱的图片作为桌面背景。设置桌面背景的操作步骤如下：

(1)根据上述方法，打开"显示属性"对话框，选择"桌面"选项卡，如图 2-27 所示。

图 2-27　"显示属性"对话框之"桌面"选项卡

(2)在"背景"列表框中选择任一张图片，或通过"浏览"按钮选择保存在磁盘的图片。

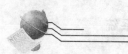

(3)单击"确定"按钮即可完成操作。

3. 设置屏幕保护

屏幕如果长时间显示同一画面,显示器就会老化得比较快。而屏幕保护程序可以在闲置时间达到某个设置的值时就会自动启动,显示一些移动的图像或文字,以达到保护屏幕、延长显示器使用寿命的效果。

设置屏幕保护的操作步骤如下:

(1)打开"显示属性"对话框,选择"屏幕保护程序"选项卡,如图2-28所示。

(2)在"屏幕保护程序"下拉列表框中选择一种屏幕保护程序。

(3)单击"设置"按钮设置"运行屏幕保护程序"等待时间。

(4)单击"确定"按钮。

图2-28 "显示属性"对话框之"屏幕保护程序"选项卡

4. 更改显示外观

更改显示外观就是更改桌面、消息框、活动窗口和非活动窗口等的颜色、大小、字体等。在默认状态下,系统使用的是"Windows 标准"的颜色、大小、字体等设置。我们也可以根据自己的喜好设计关于这些项目的颜色、大小和字体等显示方案。

更改显示外观的操作步骤如下:

(1)打开"显示属性"对话框,选择"外观"选项卡,如图2-29所示。

(2)在该选项卡中设置相关选顶,其中"高级"按钮的相关设置可参考图2-30所示。

(3)设置完毕后,单击"确定"按钮即可完成。

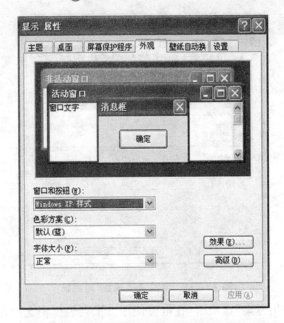

图 2－29　"显示属性"对话框之"外观"选项卡

图 2－30　"高级外观"对话框

5. 电源管理

电源方案是计算机管理电源使用情况的设置集合,通过选择合适的电源方案可以降低计算机设备或整个系统的耗电量。

设置电源方案的操作步骤如下:

①单击"开始"菜单,选择"设置"→"控制面板"子菜单,打开"控制面板"窗口。

②在"控制面板"窗口中双击"电源选项"图标。打开"电源选项属性"对话框,如图 2－31所示。

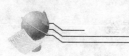

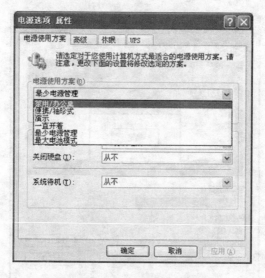

图 2—31 "电源选项属性"对话框

（3）选择"电源使用方案"选项卡，在电源使用方案列表框中选择合适选项即可。

6. 设置鼠标和键盘

鼠标和键盘是根据大多数用户的习惯设置的，如使用鼠标的右手习惯或左手习惯等。

（1）设置鼠标。

设置鼠标的操作步骤如下：

①单击"开始"菜单，选择"控制面板"子菜单，打开"控制面板"窗口。

②在"控制面板"窗口中双击"鼠标"图标，打开"鼠标属性"对话框。

③在"鼠标属性"对话框中，选择"鼠标键"选项卡，如图 2—32 所示。在该选项卡中，可以设置鼠标键配置、双击速度和单击锁定等操作。

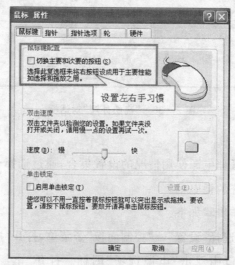

图 2—32 "鼠标属性"对话框之"鼠标键"选项

④在"鼠标属性"对话框中,选择"指针"选项卡,如图 2-33 所示。在该选项卡中,可以设置鼠标方案、自定义方案等。

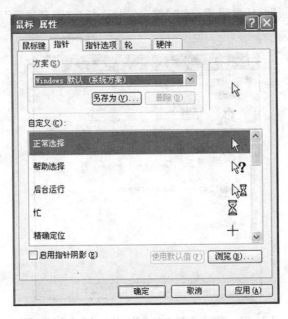

图 2-33　"鼠标属性"对话框之"指针"选项卡

⑤在"鼠标属性"对话框中,选择"指针选项"选项卡,如图 2-34 所示。在该选项卡中,可以设置鼠标移动的指针跟踪轨迹等。

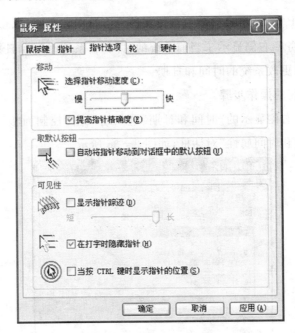

图 2-34　"鼠标属性"对话框之"指针选项"选项卡

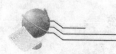

（2）设置键盘。

设置键盘的操作步骤为：

①打开"控制面板"对话框障碍，双击"键盘"图标，打开"键盘属性"对话框。如图2—35所示。

图2—35　"键盘属性之速度"对话框之"速度"选项卡

②在"键盘属性"对话框中可以完成按住一个键时字符的重复率、光标的闪烁频率等。

7.调整日期和时间

在Windows XP中，系统会自动为存档文件标上日期和时间，以供用户检索和查询。在Windows XP任务栏右侧显示了当前系统的时间，当系统时间和日期不准确或在特定的情况下，用户可以更改系统的时间和日期。

调整日期和时间的操作步骤：

（1）双击任务栏右侧显示的"时间和日期"选项或双击"控制面板"窗口的"日期和时间"图标，弹出"日期和时间属性"对话框，如图2—36所示。

图2—36　"日期和时间属性"对话框

（2）在"时间和日期"选项卡设置日期和时间。

（3）单击"确定"按钮即可。

2.6　多用户管理

Windows XP 具有多用户管理功能，每个用户都可以建立自己专用的运行环境。使用多用户使用环境设置后，不同用户用不同身份登录时，系统就会应用该用户身份的设置，而不会影响到其他用户的设置。

设置多用户使用环境的操作步骤如下：

（1）打开"控制面板"窗口。

（2）双击"用户账户"图标，打开"用户账户"窗口，如图 2－37 所示。

图 2－37　"用户账户"窗口

（3）在"用户账户"窗口可完成"添加账户"、"管理账户"操作。

2.7　附件工具

1. 画图

Windows 附带的画图程序不仅提供了丰富的图形处理功能，还可以打开多种图形文件（如扩展名为.jpg、.bmp、.gif 等）。

启动画图程序的操作方法：单击"开始"菜单，选择"程序"→"附件"→"画图"，弹出"画图"窗口，如图 2－38 所示，在此窗口可以实现图形的编辑等操作。

图 2－38　"画图"窗口

2. 记事本

Windows 附带的记事本程序可以编辑文本，生成扩展名为 .txt 文件。

启动记事本程序的操作方法：单击"开始"菜单，选择"程序"→"附件"→"记事本"，弹出"记事本"窗口，如图 2－39 所示，在此窗口可以实现文本的编辑等操作。

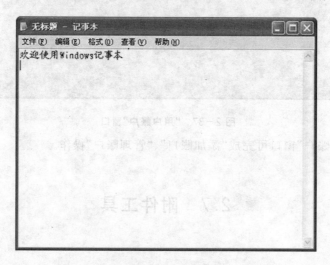

图 2－39　"记事本"窗口

3. 计算器

Windows 提供了强大的计算工具,不仅要可以进行加、减、乘、除运算,还可以进行复杂的三角函数、数制转换和指数运算等。

启动计算器程序的操作方法:单击"开始"菜单,选择"程序"→"附件"→"计算器"。计算器分为"标准型"和"科学型"两种形式。转换方式在"查看"菜单中有"标准型"和"科学型"两种选择,如图 2-40 和图 2-41 所示。

图 2-40　"计算器"程序的标准型窗口

图 2-41　"计算器"程序的科学型窗口

 **思考题**

1. 在 E 盘新建一个学生文件夹,文件夹命名为"10 李四"。

2. 试用 Windows 的"记事本"创建文件:文件名为 file1,存放于 D 盘中,文件类型为 .txt,文件内容如下(内容不含空格或空行):2008 北京奥运会。

3. 查找 E 盘中前 5 日创建的文件,并且大小在 40 KB 以上,查找完毕后,窗口拷贝,保存到"10 李四"文件夹中,文件名为 A1.bmp。

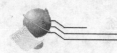

4. 设置任务栏的时钟隐藏,"开始"菜单以小图标显示,将设置的效果拷屏,保存到"10李四"文件夹中,文件命名为 A2. bmp。

5. 设置当前日期为 2008 年 1 月 1 日,时间为 10 点 30 分 30 秒,将设置后的"时间和日期"选项卡拷贝,保存到自己的文件夹中,文件名为 A3. bmp,保存后,恢复原设置。

第 3 章
计算机网络与Internet应用

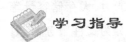 **学习指导**

本章主要介绍计算机网络的基本概念、Internet 的接入方法和基本操作。具体内容包括计算机网络的基本概念、拓扑结构、体系架构,Internet 基础知识、接入技术和基本操作方法。

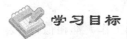 **学习目标**

(1)了解计算机网络的基本概念、体系结构和 Internet 基础知识。

(2)掌握计算机网络的组网方法和拓扑结构。

(3)掌握 Internet 的接入技术、多用户共享方法和 Internet 基本操作。

3.1 计算机网络概述

网络技术尤其是因特网的出现和发展可以说构成了信息技术乃至一般技术发展史中最为重大的进步和拓展。作为全球信息高速公路,因特网在短短几年时间中就由学术交流工具演变成为商业工具,进而成为人们工作和生活中不可或缺的基本通信工具和媒体。

3.1.1 计算机网络的定义

计算机网络是指将分布在不同地理位置、功能独立的多个计算机利用通信设备和线路互连起来,再配上相应的网络软件(如网络通信协议、网络操作系统等)实现多台计算机或终端互联达到信息传递和网络资源共享的系统。计算机网络是计算机技术和通信技术相互结合的产物。

3.1.2 计算机网络的组成

对于计算机网络的组成,按照计算机技术的标准,可将计算机网络分为硬件和软件两个部分。

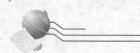

1．计算机网络硬件

网络硬件是计算机网络系统的物质基础，要构成一个计算机网络系统，首先要将计算机及其附属硬件设备与网络中的其他计算机系统连接起来。不同计算机网络系统在硬件方面是有差别的。随着计算机技术和网络技术的发展，网络硬件日趋多样化，功能更加强大，也更加复杂。

（1）服务器。服务器是指网络中提供服务的设备，它是整个网络的中心。因此，服务器的工作负荷是很重的，这就要求它具有高性能、高可靠性、高吞吐能力、大存储容量等特点。服务器要为网络提供服务，根据服务器所提供的服务不同，可分为文件服务器、数据库服务器和邮件服务器等。

（2）工作站。当一台计算机连接到网络上，它就成为网络上的一个结点，称为工作站，它是网络上的一个客户，使用网络所提供的服务。工作站只是为它的操作者服务，不像服务器要为网上众多的客户服务。因此，它对性能的要求不是很高。

（3）连接设备。网络中的连接设备种类非常多，但是它们完成的工作大都相似，主要是完成信号的转换和恢复，如网卡、调制解调器等。网络连接设备直接影响网络的传输效率。

（4）传输介质。传输介质是网络中的通信线路。在一个网络中，网络连接的器件与设备是实现计算机之间数据传输必不可少的组成部分，通信介质是其中重要的组成部分。

2．计算机网络软件

网络软件是实现网络功能所不可或缺的环境，网络软件通常包括网络操作系统和网络协议软件。

（1）网络操作系统。网络操作系统是运行在网络硬件基础上的，为网络用户提供共享资源管理服务、基本通信服务、网络系统安全服务及其他网络服务的软件系统。网络操作系统是网络的核心，其他应用软件系统需要网络操作系统的支持才能运行。

（2）网络协议软件。连入网络的计算机依靠网络协议实现互相通信，而网络协议依靠具体的网络协议软件的运行支持才能工作。凡是连入计算机网络的服务器和工作站都运行着相应的网络协议软件。

3.1.3 计算机网络的功能

计算机网络的建设大大扩宽了计算机的应用范围，打破了空间和时间的限制，解决了大量信息和数据的传输、转接存储与高速处理的问题，使计算机的能力大大加强，使软硬件资源由于可以进行共享而得到充分利用。可以说，计算机网络的应用必将大大促进社会各行各业的发展，同时计算机网络也可以使整个社会获得巨大的经济效益和社会效益。

计算机网络的功能主要有以下几点。

1.资源共享

在计算机网络中,资源包括计算机软件和硬件资源及其要传输和处理的数据。资源共享是计算机网络的最基本的功能之一。

2.数据通信

利用计算机网络可以实现计算机用户间的通信。通过网络上的文件服务器交换信息和报文、收发电子邮件、相互协同工作等,这些对办公室自动化提高生产率起了十分重要的作用。

3.分布式处理

在计算机网络中,可以将某些大型任务转化成为小型任务,由网络中的各个计算机分担处理。同时网络技术还可以把许多小型机或微型机连接成具有高性能的计算机系统,使其具有解决复杂问题的能力,从而降低费用。

4.负载均衡

当网络中某一台机器的处理负担过重时,可以将其作业转移到其他空闲的机器上去执行,这样就可以减少用户信息在系统中的处理时间,提高系统的利用率,增加系统的可用性。

5.提高系统的可靠性和可用性

当网络中的某一台计算机发生故障时,可由网络中的其他计算机代为处理,从而可以提高系统的可靠性和可用性。

3.2　计算机网络的分类和拓扑结构

3.2.1 计算机网络的分类

计算机网络的分类方法很多,其中网络的传输技术和规模大小是最重要和使用最广泛的两种分类方法。

1.按传输技术分类

按照传输技术可以将网络分为两类:广播式网络和点到点式网络。

(1)广播式网络。广播式网络的通信信道是共享介质,仅有一条通信信道,网络上所有的机器资源消息可以被任何机器发送并被其他机器接收,一旦接收到信息后,各机器将检查它的地址字段,如果是发给自己的,就处理;否则,将其抛弃。就像在公共场所呼

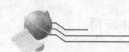

叫某人,所有的人都会听到消息,但是只有被叫的人会响应。

（2）点到点式网络。与广播式的网络相反,在点到点式网络中,每条物理线路连接一对计算机。假如两台计算机之间没有直接连接的线路,它们之间的分组传输要通过中间结点接收、存储与转发,直至目的结点。决定信息从网络的源结点到达目的结点的路由需要有路由选择算法。采用存储转发和路由选择机制是点到点式网络与广播网络的重要区别。

2.按连接距离和规模分类

按照覆盖范围的大小分为:局域网（LAN）、城域网（MAN）和广域网（WAN）。

（1）局域网（Local Area Network）。

在较小的地理区域内建立的计算机网络,例如,实验室、大楼、单位范围内的计算机通过网线连接起来而构成的计算机网络。它有总线型、星型、环型和树型等结构。

局域网是计算机网络的一种,它具有计算机网络的普遍特征,但又有其特性:

① 传输速率高,能达到 $10\sim100$ Mb/s,并且具有很好的可靠性,几乎无误码。这是局域网的最大特点之一。

② 覆盖的地理范围较小。一般只用于办公室、一座楼房或一个校园的连接。

③ 独立性强。一般为某一单位独有,并由该单位控制、管理和使用,受外界影响较小。

④ 结构简单、建网容易、成本低、易于维护和扩展。

⑤ 建网对象一般以微机为主,很少情况下会接有服务器。

⑥ 传输数据的介质,连接各种设备的拓扑结构及访问共享资源的控制方法是其主要的技术指标。

（2）城域网（Metropolitan Area Network）。

若干个局域网互相连接而成,适合于大都市较大规模的计算机网络。

（3）广域网（Wide Area Network）。

广域网又称为远程网,是联网范围最大的一种,可以涉及几个城市、一个国家、各个国家的计算机网络。当前使用最广泛的因特网就是一种广域网。

广域网也是一种常见的计算机网络,其分布范围可以覆盖整个国家、一个洲乃至全球的网络。广域网的特点有:

① 覆盖范围极其广阔,这是广域网最主要的特点。

② 广域网的连接与设计前提是掌握各种公共传输网络,公共网络可以是电路交换网络,也可以是专用线路连接的数字数据网。

3.2.2 计算机网络的拓扑结构

计算机网络拓扑是指网络中通信线路和计算机以及其他组件的物理连接方法和形式,主要有总线型拓扑、环型拓扑、星型拓扑和树型拓扑以及网状拓扑。网络拓扑结构关系到网络设备的类型、设备的能力、网络的扩张潜力和网络的管理模式等。

1.总线型拓扑

总线型拓扑采用单一信道作为传输介质,所有主机(或站点)通过专门的连接器接到这根被称为总线的公共信道上,如图 3－1 所示。

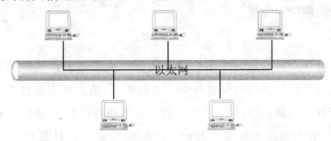

图 3－1　总线型拓扑结构

任何一台主机发送的信息都沿着总线向两个方向扩散,并且总能被总线上的每台主机所接收。由于其信息是向四周传播的,类似于广播,所以总线网络也称为广播网。这种拓扑结构的所有主机彼此都进行了连接,并且可以直接通信。

总线型拓扑结构的优点:结构简单、布局容易、站点扩展灵活方便、可靠性高。

缺点:故障检测和隔离较困难、总线负载能力较低,另外,一旦电缆出现一处断路,就会使主机之间造成分离,使整个网络通信终止。

2.环型拓扑

环型拓扑是一个包括若干结点和链路的单一封闭环,每个结点只能与相邻的两个结点相连。信息沿着同一个方向传输,依次通过每一台主机,各主机识别信息中的目的地址,如与本机地址相符,信息被接收下来。信息环绕一周后又发送主机将其从环上删除,如图 3－2 所示。

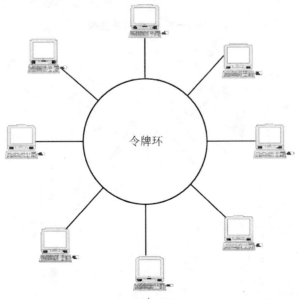

图 3－2　环型拓扑结构

环型结构的优点：容易安装和监控，传输最大延时时间是固定的，传输控制机制简单，实时性强。

缺点：网络中任何一台计算机的故障都会影响到整个网络的正常工作，故障检测比较困难，结点增加、删除不方便。

3.星型拓扑

星型拓扑是由各个结点通过专用链路连接到中央结点上而形成的网络结构。在星型拓扑中各结点计算机通过传输线路与中心结点相连，信息从本地计算机通过中央结点传送到网络上所有的计算机，如图3-3所示。星型拓扑的特点是很容易在网络中增加新结点，数据的安全性和优先性容易控制。网络中的某一台计算机或者一条线路的故障，将不会影响到整个网络的运行。如图3-4所示为扩展型星型拓扑结构图。

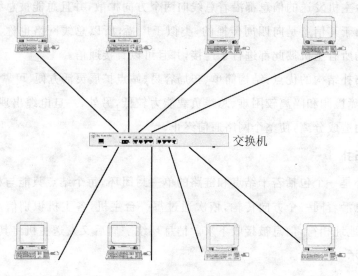

图3-3 星型拓扑结构

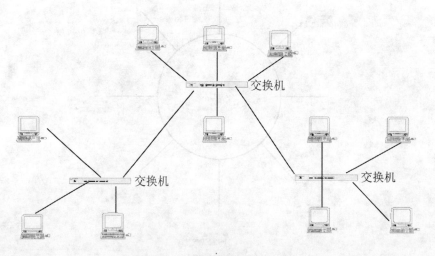

图3-4 扩展型星型拓扑结构

星型网络的优点：传输速度快，误差小，扩容比较方便，易于管理和维护，故障的检测和隔离也很方便。

缺点：中央结点是整个网络的瓶颈，必须具有很高的可靠性，中央结点一旦发生故障，整个网络就会瘫痪。另外，每个结点都要与中央结点相连，需要耗费大量的电缆。

4.树型拓扑

树型拓扑是从总线拓扑演变而来的，在树型拓扑中，任何一个结点发送信息后都要传送到根结点，然后从根结点返回到整个网络，如图 3－5 所示。

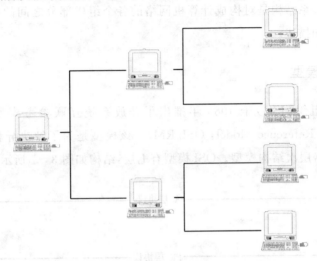

图 3－5　树型拓扑结构

这种结构的网络在扩展和容错方面都有很大的优势，很容易将错误隔离在小范围内，但是这种网络依赖根结点，如果根结点出了故障，整个网络将会瘫痪。

5.网状拓扑

网状拓扑通常用于广域网中。网状拓扑由结点和连接结点的链路组成，每个结点都有一条或几条链路同其他结点相连，如图 3－6 所示。

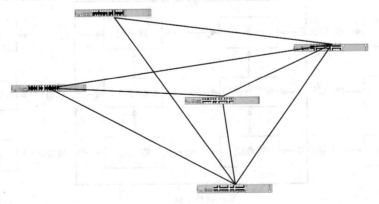

图 3－6　网状拓扑结构

63

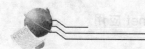

网状拓扑的优点：结点间路径较多，局部的故障不会影响整个网络的正常工作，可靠性高，而且网络扩充和主机入围比较灵活、简单。

缺点：这种网络的结构和协议比较复杂，建网成本较高。

3.3 计算机网络体系结构

计算机网络体系结构是对构成计算机网络的各个组成部分之间的关系及其所要实现的功能的定义和描述。

3.3.1 OSI 模型

国际标准化组织（ISO）于 1983 年推出了开放系统互联参考模型（Open System Interconnection / Reference Model，OSI/RM）。该模型是为了解决异种互连而制定的开放式计算机网络层次结构模型。OSI 模型有七层，结构如图 3-7 所示。

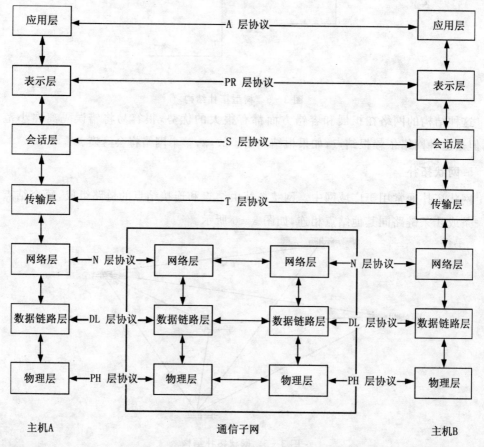

图 3-7 OSI 七层协议结构

1.物理层

物理层提供相邻设备间的比特流传输。它是利用物理通信介质,为上一层(数据链路层)提供一个物理连接,通过物理连接传输比特流。该层协议定义了设备间的物理接口以及数字比特的传送规则。

2.数据链路层

数据链路层负责在两个相邻节点间的线路上无差错地传送以帧为单位的数据,每一帧包括一定的数据和必要的控制信息,在接收点接收到的数据出错时要通知发送方重发,直到这一帧无误地到达接收节点。数据链路层就是把一条有可能出错的实际链路变成让网络层看来好像不出错的链路。

3.网络层

网络中通信的两个计算机之间可能要经过许多个节点和链路,还可能经过几个通信子网。网络层数据的传送单位是分组(Packet),网络层的任务就是要选择合适的路由,使发送站的运输层发下来的分组能够正确无误地按照地址找到目的站并交付给目的站的运输层,这就是网络层的寻址功能。

4.运输层

运输层的任务是根据通信子网的特性最佳地利用网络资源,并以可靠和经济的方式为两端系统的会话层之间建立一条运输连接,透明地传输报文。

5.会话层

会话层虽然不参与具体的数据传输,但它对数据进行管理,向互相合作的进程之间提供一套会话设施,组织和同步它们的会话活动,并管理它们的数据交换过程。

6.表示层

表示层提供端到端的信息传输,处理的是 OSI 系统之间用户信息的表示问题。主要用于处理应用实体面向交换的信息的表示方法。这样即使每个应用系统有各自的信息表示法,但被交换的信息类型和数值仍能用一种共同的方法来表示。它包含用户数据的结构和在传输时的比特流或字节流的表示。

7.应用层

应用层是 OSI 参考模型的最高层,应用层确定进程之间通信的性质以满足用户的需要。应用层可以包含各种应用程序,形成了应用层上的各种应用协议,如电子邮件、文件传输、远程登录等,并提供网络管理功能。

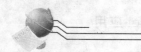

3.3.2 TCP/IP 参考模型

TCP/IP 模型是由美国国防部出于战争的考虑而建设的,它要求在任何情况下都要能够保证网络的畅通。也就是说,不管当时网络上任何结点或网络情况,它的分组都能够从任何一个位置到达其他位置。TCP/IP 模型是因特网技术上的开发标准。TCP/IP 模型分层与 OSI 的分层对比如图 3—8 所示。

OSI	TCP/IP
应用层	应用层
表示层	
会话层	
传输层	传输层
网络层	网络层
数据链路层	网络接口层
物理层	

图 3—8 OSI 与 TCP/IP 协议分层

1．应用层

TCP/IP 的设计者认为高层协议应该包含会话层和表示层的内容,创建了应用层来处理高层协议、数据表达、编码和对话控制。TCP/IP 将所有与应用相关的内容都归为一层,并保证下一层适当的将数据分组,应用层常见协议如下:

(1)FTP——文件传输协议。

(2)HTTP——超文本传输协议。

(3)SMTP——简单邮件传输协议。

(4)DNS——域名系统。

(5)TELNET——远程终端访问协议。

2．传输层

传输层在源主机和目的主机对等实体之间提供端对端可靠的数据传输服务,这一层相当于 OSI 参考模型中的传输层,主要处理可靠的流量控制和重传等典型问题。这一层提供了两个主要协议:传输控制协议(TCP)和用户数据报协议(UDP)。TCP 提供了一种面向连接的可靠的数据流服务,而 UDP 提供的是无连接的不可靠的服务,让用户根据应用的需求有更多的选择余地。

3. 网络层

网络层实现各种网络的互联,功能是把分组独立的数据从源主机传送到目的主机。该层定义了正式的分组格式和协议。主要设计问题是分组路由和拥塞控制。该层有 5 个重要协议:

(1)IP——网际协议。

(2)ICMP——网际控制报文协议。

(3)ARP——地址解析协议。

(4)RARP——反向地址解析协议。

(5)IGMP——Internet 组管理协议。

4. 网络接口层

网络接口层是 TCP/IP 参考模型的最底层。TCP/IP 标准并没有定义具体的网络接口协议,只是指出主机必须使用某种协议与网络连接,以便能在其上传递 IP 分组。这个协议未被定义,并且随主机和网络的不同而不同。

同时 TCP/IP 也存在许多缺点:第一,该模型没有明确地区分服务、接口和协议的概念;第二,TCP/IP 模型不是完全通用的,不适合除 TCP/IP 模型之外的任何协议;第三,网络接口层在分层协议中根本不是通常意义上的层,它只是一个接口处于网络层和数据链路层之间,根本没有提及物理层和数据链路层。

3.4　Internet 基础知识

3.4.1 Internet 概述

Internet 起源于 20 世纪 60 年代后期。但是美国国防部高级研究计划局处于战略考虑,研制了一个试验性的网络 ARPANET,该网络 1969 年问世,当时仅有 4 个结点。而随后的几年中,其规模迅速扩大,到 1976 年已经发展到 60 个结点和 100 台主机。20 世纪 80 年代初开始在 ARPANET 上全面推广 TCP/IP。1986 年,美国国家基金会组建了国家科学基金网 NSFNET,覆盖了美国主要的大学和研究所,实现了与 ARPANET 以及美国其他几个主要网络的互联。Internet 的迅猛发展始于 20 世纪 90 年代,欧洲粒子物理研究室开发的万维网(World Wide Web)被广泛应用于 Internet,使 Internet 规模呈指数级增长。至 2005 年底,接入 Internet 宽带用户数量已达 2.1548 亿。Internet 网络服务使人们真正做到了足不出户就能了解世界,实现彼此之间的交流。Internet 对世界的冲击是巨大的,影响着人类社会的各个方面。

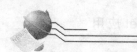

20 世纪 80 年代后期,我国的一些科研机构相继开展了与因特网的国际合作。1987 年 9 月 20 日,钱天白教授发出了我国第一封电子邮件"越过长城,通向世界",揭开了中国人使用 Internet 的序幕。

3.4.2 IP 地址和域名系统

1. IP 地址

Internet 上所有的计算机都必须有一个唯一的编号作业其在 Internet 的标识,这个编号就是 IP 地址。在 Internet 通信中,每个数据报都包含接收方 IP 地址和发送方 IP 地址的信息。

(1)IP 地址的格式。

目前在网络中使用的 IP 地址是 IPV4 版本,它可以表示为二进制和十进制两种格式。IP 地址用二进制格式表示其是一个 32 位二进制数,分为 4 个 8 位二进制数,即 4 个字节。如 11010010.00101000.01000101.01000011。方便管理通常将其表示为 A. B. C. D 点分十进制形式。其中 A、B、C、D 分别为一个 0~255 的十进制整数,即每 8 位二进制用一个十进制数表示。如上例写成点分十进制表示形式为 210.40.69.67。

(2)IP 地址的分类。

IP 地址根据网络号的范围可分为 A 类、B 类、C 类、D 类和 E 类 5 类。

①A 类地址:采用 1 个字节表示网络地址,3 个字节表示主机地址。可使用 126 个不同的大型网络,每个网络可拥有 16,777,216 台主机,IP 范围为 1.0.0.0~126.255.255.255。

②B 类地址:采用 2 个字节表示网络地址,2 个字节表示主机地址。可使用 16384 个不同的中型网络,每个网络可拥有 65536 台主机,IP 范围为 128.0.0.0~191.255.255.255。

③C 类地址:采用 3 个字节表示网络地址,1 个字节表示主机地址。可使用 2097152 个不同的较小规模网络,每个网络可拥有 254 台主机,IP 范围为 192.0.0.0~223.255.255.255。

④D 类和 E 类地址:D 类地址范围为 224.0.0.0~239.255.255.255,主留给 Internet 体系结构委员 IAB 使用;E 类地址范围为 240.0.0.0~255.255.255.255,是一个用于实验的地址范围,并不用于实际网络。

2. 域名系统

在访问 Internet 时,用户可直接使用 IP 地址访问网络上的计算机,但其不便于记忆。因此又产生了用字符串给主机进行命名的方案,这就是域名系统(Domain Name System,DNS)。

与 IP 地址相比,它更加直观,容易理解、记忆。其基本格式如下:

主机名.N 级域名.…….二级域名.顶级域名

方案中按主机所属单位分级划分,不同级别代表不同范围,越往左其代表范围就越小。例如:www.gd.gov.cn,其中 www 是主机名,gd 代表广东,gov 代表的是政府机构,cn 代表的是中国,这就是广东省政府的域名地址。其中:顶级域名代表某一国家、地区、组织的结点;最左端主机名是指计算机的名称。

部分标识机构性质的组织性顶级域名和地理性顶级域名代码如表 3-1 所示。

表 3-1 部分标识机构性质的组织性顶级域名和地理性顶级域名代码

部分组织性顶级域名代码			
域名	代表组织	域名	代表组织
com	商业机构	net	网络服务机构
gov	政府机构	mil	军事机构
edu	教育机构	org	非营利组织

部分地理性顶级域名代码			
域名	代表组织	域名	代表组织
cn	中国	us	美国
hk	中国香港	de	德国
tw	中国台湾	uk	英国
mo	中国澳门	fr	法国
sg	新加坡	es	西班牙
jp	日本	ca	加拿大
in	印度	it	意大利
au	澳大利亚	nl	荷兰
ru	俄罗斯	fl	芬兰

注:用户在运用域名进行访问 Internet 上主机时,先通过 DNS 服务器将其转换为 IP 地址,再进行访问。

3.4.3 Internet 的应用

随着因特网向商业化发展,很多服务被商业化的同时,所提供的服务种类进一步快速增长。因特网提供的基本服务功能主要有以下几种:电子邮件(E-mail)、WWW 服务、文件传输(FTP)及其他服务。

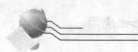

1.电子邮件服务

电子邮件服务(又称为 E-mail 服务)是目前因特网上使用最频繁的一种服务,它为因特网用户之间发送和接收消息提供了一种快捷、廉价的现代化通信手段,特别是在国际之间的交流中发挥了重要的作用。

电子邮件之所以受到广大用户的喜爱,是因为与传统通信方式相比,它具有明显的优点:

(1)电子邮件比人工邮件传递迅速,可达到的范围广,而且比较可靠。

(2)电子邮件与电话系统相比,它不要求通信双方都在场,而且不需要知道通信对象在网络中的具体位置。

(3)电子邮件可以实现一对多的邮件传送,这样可以使一位用户向多人同时发送通知的过程变得容易。

(4)电子邮件可以将文字、图像、话音等多种类型的信息集成在一个邮件中传输,因此它将成为多媒体信息传送的重要手段。

电子邮件服务采取客户机/服务器工作模式,电子邮件服务器是因特网邮件服务系统的核心,一方面负责接收用户送过来的邮件,并根据邮件所要发送的目的地址,将其传送到对方的邮件服务器中;另一方面负责接收从其他邮件服务器上发送过来的邮件,并根据收件人的不同将邮件分发到各自的电子邮箱中。

如果某个用户要利用一台邮件服务器发送和接收邮件,则必须在该服务器上申请一个合法的账号,包括账号名和密码。一旦用户在一台邮件服务器中拥有了账号,也便在这台邮件服务器中拥有了自己的邮箱。在因特网中每个用户的邮箱都有一个全球唯一的邮箱地址,即用户的电子邮件地址。用户的电子邮件用"@"分隔为两部分,后一部分为邮件服务器的主机名或邮件服务器所在域的域名,前一部分为用户在该邮件服务器中的账号。如 hexymail@tom.com 作为一个用户的电子邮件地址,其中 tom.com 是邮件服务器的主机名,hexymail 是用户在该邮件服务器中的账号。电子邮箱是私人的,只有拥有账号和密码的用户才能阅读邮箱中的信件,而其他用户可以向该邮件地址发送邮件,并由邮件服务器发送到邮箱中。

目前常用的电子邮件访问方式有 Web 方式和电子邮件应用程序方式:Web 方式可以通过登录到电子邮箱所在域的服务器上通过网页的方式管理自己的邮件,用户只需通过自己的账号和密码就可以登录到邮箱的管理页面,直接接收、发送和管理自己的邮件,界面如图 3—9 所示。

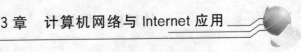

图 3-9　Web 方式管理电子邮件

　　也有许多人使用电子邮件应用程序,如 Outlook、Foxmail 等来接收、发送和管理自己的电子邮件,电子邮件应用程序一方面负责将用户要发送的邮件送到邮件服务器,另一方面负责检查用户邮箱,读取邮件。用 Windows Live Mail 打开邮箱的界面如图 3-10 所示。

图 3-10　电子邮件应用软件——Windows Live Mail

　　电子邮件应用程序在向邮件服务器传送邮件时使用简单邮件传输协议(Simple Mail Transfer Protocol,SMTP);而从邮件服务器的邮箱中读取时可以使用邮局协议第 3 版(Post Office Protocol,POP3)或交互式邮件存取协议(Interactive Mail Access Protocol,IMAP)。

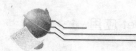
2．WWW 服务

WWW 服务业称为 Web 服务，是目前因特网上最受欢迎和最方便的信息服务类型，它的影响已远远超越了专业技术的范畴，并且进入了广告、新闻、销售、电子商务与信息服务等诸多领域，它的出现是因特网发展中一个革命性的里程碑。

超文本（Hypertext）与超媒体（Hypermedia）是 WWW 的信息组织形式。超文本对以往的菜单方式做了重大改进，我们在浏览文本信息的同时，随时可以选择其中的"热字"。"热字"往往是与上下文关联的单词，通过选择的"热字"可以跳转到其他页面，这种在文本中包含其他文本的链接特性，形成了超文本的最大特点——无序性。超媒体进一步扩展了超文本所链接的信息类型。用户不仅能从一个文本跳转到另一个问题，而且可以激活一段声音、显示一个图像、播放一段影片。

WWW 服务采用客户机/服务器工作模式，它以超文本标记语言（Hyper Text Mark-up Language）与超文本传输协议（Hyper Text Transfer Protocol）为基础，提供了一致的信息浏览系统。客户通过浏览器，向 WWW 服务器发出请求，服务器根据客户的请求内容，将保存在服务器中的某个页面返回给客户端，浏览器接受到页面后，对其进行解释，最终将图、文、声并茂的画面呈现给用户。WWW 服务器具有高度的集成性，能够将各种信息（如文本、图像、声音、动画和视频等）与服务（如 News、FTP、Gopher 等）紧密地联系在一起，提供生动的图形用户界面。

3．文件传输服务

文件传输协议（File Transfer Protocol，FTP）服务是目前因特网中最早的服务功能之一。FTP 服务为计算机之间双向文件传输提供了一种有效的手段。它允许将本地计算机中的文件上传到远程计算机，或者将远程计算机中的文件下载到本地计算机中。目前因特网上的 FTP 服务多用于文件的下载，利用它可以下载各种类型的文件，包括文本文件、二进制文件以及语音、图像和视频文件等。因特网上的一些免费软件、共享软件、技术资料、研究报告等，大多数都是通过这种渠道发布的。

可以通过 FTP 的账号和密码登录到服务器，进行资源的下载和上传。同时目前大多数提供公共资料的 FTP 也都提供了匿名的 FTP 服务，可以随时访问这些服务器，而不需要预先向服务器申请账号。匿名账户和密码是公开的，通常使用"anonymous"作为账号，用"guest"作为口令。

因特网用户使用的 FTP 客户端通常有 3 种类型，即传统的 FTP 命令行、浏览器和FTP 下载工具。

4．因特网其他服务

除了以上所说的常用服务，因特网还包括远程登录服务、新闻组服务和电子公告牌等服务。

远程登录服务是因特网最早提供的基本服务功能之一。因特网中的远程登录使用 TELNET 命令,使自己的计算机暂时成为远程计算机的一个仿真终端的过程。一旦计算机成功地实现了远程登录,就可以像一台与远程计算机直接连接的本地终端一样进行工作。

网络新闻组是一种利用网络进行专题讨论的国际论坛,可以使用新闻阅读程序访问 USENET 服务器、发表意见、阅读网络新闻。

电子公告牌(BBS)也是因特网较常用的服务功能之一。可以利用 BBS 服务与远方或异地的网友聊天、组织沙龙、获得帮助、讨论问题以及为别人提供信息。

3.4.4 Internet 的接入技术

计算机或局域网络只有与其他计算机或网络建立起有效的连接,信息的流动才会顺畅。目前,最方便的就是接入因特网。就个人计算机来说,接入因特网的方式很多,如通过电话线的 ADSL 接入、拨号接入(16300、96169 等)和通过有线电视网的 HFC 接入等。而大多数单位都是采用在单位内部组成的局域网络,然后通过路由器或防火墙接入因特网的方案,除可以用上面所提及的方法外,还有专线接入等。在这里只介绍几种主要的接入技术。

1.ADSL 技术

ADSL(Asymmetric Digital Subscriber Line,非对称数字用户线环路)技术是一种基于普通电话的宽带接入技术,它在同一铜线中分别传输数据和话音信号,ADSL 上网时不占用电话通信频段,不需要缴付另外的电话费。连接线路图如图 3—11 所示。目前 ADSL 接入有 3 种方式:电话线动态 IP 地址的接入、电话线固定 IP 地址的接入、专线光纤固定 IP 地址的接入。

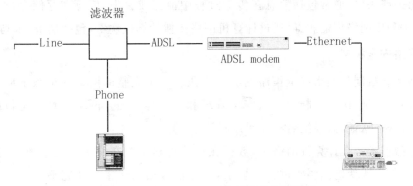

图 3—11　ADSL Modem 的线路连接示意图

2.HFC 接入技术

HFC(Hybrid Fiber Coaxial,混合光纤同轴电缆网)的接入技术是以 CATV 网络为基础发展起来的,它是一个双向的共享媒质系统,包括前端和光纤结点之间的光纤干线

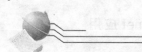

以及从光纤结点到用户驻地的同轴分配网络。视频信号以模拟方式在光纤上传输。光纤结点将光纤干线和同轴分配线互相连接。光纤结点通过同轴电缆下引线可以为300～500个用户服务,如图3－12所示。

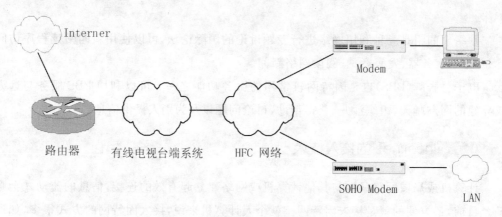

图3－12　HFC接入网络结构示意图

3.4.5 网络安全

网络安全就是确保网络上的信息和资源不被非授权用户使用。为保证网络安全,就必须对信息处理和数据存储进行物理安全保护。

1.网络安全的主要威胁

一般认为,目前的网络安全威胁主要表现在以下几个方面:①破坏数据的完整性,以非法的手段窃取对数据的使用权、删除、修改插入或重发某些重要信息,以取得有利于攻击者的响应;②非授权访问,是指攻击者违法安全策略,利用系统安全缺陷非法占有系统资源或访问本应受保护的信息;③信息泄漏或丢失,指敏感数据在有意或无意的情况下被泄露出去或丢失,通常包括信息在传输过程中泄漏或丢失、信息在存储介质中泄漏或丢失等;④利用网络传输病毒,通过计算机网络传播计算机病毒,包括蠕虫、木马等。

2.网络安全机制

网络安全机制是网络安全策略的实施手段。一个完整的网络安全系统应该包括安全策略、用户认证、访问控制、加密、安全管理和审计等方面。网络信息安全机制常见的技术包括加密、认证、数字签名和访问控制等。

①加密技术。在计算机网络中,数据在传输过程中存在许多不安全因素,数据有可能被截取、篡改或伪造。要对付这些攻击,并保证数据的保密性和完整性的安全技术主要是对所传送的数据加密,加密技术也就是利用技术把重要的数据变为乱码(加密)传送,到达目的地后再用相同或不同的手段把信息还原(解密)。

加密技术按照密钥方式划分,密码体制可分为对称密钥体系和非对称密钥体系两种。对称密钥加密技术使用相同的密钥对数据进行加密和解密,发送者和接收者都用相同的密钥。对称密钥加密技术的典型算法是 DES(Data Encryption Standard,数据加密标准)、3DES(三重 DES)、AES(Advanced Encryption Standard,高级加密标准)和 IDEA(International Data Encryption,国际数据加密算法)。它的优点是加密处理简单,加密、解密速度快。缺点是密钥过短,只有 56 位。非对称密钥加密体制又称为公开密钥密码体制,这是现代密码学的最重要的发明。其特点是加密和解密使用不同的密钥,分别是公开密钥(Public Key)和私有密钥(Private Key):公钥公之于众,私钥自己保存。公开密钥密码加密的典型算法是 RSA。RSA 算法技能用于加密和数字签名。RSA 算法的优点:解决了密钥管理的问题,通过特有的密钥发放体制,即使用户数量大幅度增加时,密钥也不会向外扩散,安全性高,具有很高的加密强度。缺点、加密解密速度慢。

②认证。认证是为了防止攻击者的主动攻击,包括验证信息真伪及防止信息在通信过程中被篡改、删除、插入、伪造及重放等。包括三部分内容:消息认证、身份认证和数字签名。

③数字签名。对文件进行加密只能解决传送信息的保密问题,要防止攻击者对传输的文件进行破坏及如何确定发送者的身份就要用到数字签名技术,数字签名又称为电子签名、电子印章,是指使用密码算法对所发的数据(报文、票证等)进行加密处理,生成一段信息,附着在原文上一起发送,这段信息类是现实中的签名或印章,接收方再对其进行验证,判断原文的真伪。目的是保证数据完整性的同时保证数据的真实性。为了是数据签名能够代替传统签名,必须满足以下 3 个条件:①接收者能够核实发送者对报文的签名;②发送者事后不能抵赖对其报文的签名;③他人无法伪造对报文的签名。

④访问控制。访问控制(Access Control)是网络安全防范和保护的主要策略,它的主要任务是保证网络资源不被越权使用,即决定了谁能够访问系统,能访问系统的何种资源以及如何使用这些资源。访问控制的手段包括用户识别代码、口令、登录控制、资源授权、授权核查、日志和审计等。常见的访问控制策略包括:入围访问控制、网络权限控制和目录级安全控制。

3.防火墙技术

防火墙的作用是保护内部网络不受外部网络的攻击以及防止内部网络用户向外泄密。按软、硬件形式可以分为软件防火墙、硬件防火墙和芯片级防火墙;按照防火墙技术分类可以分为包过滤防火墙和应用代理型防火墙;按照防火墙的结构来分可以分为单一主机防火墙、路由器集成式防火墙和分布式防火墙;按照应用部署位置可以分为边界防火墙、个人防火墙和混合防火墙等;按照性能分类可分为 100 Mbit/s 级防火墙和 G 比特级防火墙。

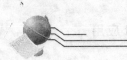

3.5 Internet 基本操作

3.5.1 Internet 接入方法

计算机接入 Internet 之前,首先要装备一些基本的硬件设备,并根据自己的实际情况选择必需的网络设备,常用的网络设备有以下几种:

(1)调制解调器。调制解调器是一种进行数字信号和模拟信号转换的设备,俗称"猫",如图 3—13 所示。调制解调器将计算机输出的数字信号转化成为适合电话线传输的模拟型号,在接收端再将接收到的模拟信号转化成为数字信号由计算机处理。

图 3—13 ADSL modem

(2)网卡。网络接口卡又称为网络适配器,简称网卡,用于实现计算机和网络电缆之间的物理连接,如图 3—14 所示。

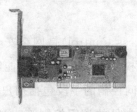

图 3—14 网卡

(3)路由器。为了解决多台计算机共同上网,多台计算机可以直接连接到路由器,然后通过同一个账号上网。有普通路由和无线路由两类。无线路由如图 3—15 所示。

图 3—15 无线路由器

在计算机中,安装了相应的设备后还需要在计算机上安装 TCP/IP 协议才能够加入 Internet,使用 Internet 带来的各种服务。但目前 Windows 系统基本上已经自动配置了 TCP/IP 协议,所以不需要自己重新安装。目前常用的宽带上网方式主要是ADSL接入、局域网接入和无线局域网接入几种方式。

1. ADSL 宽带上网

ADSL 是目前应用比较广泛的宽带接入方式,使用 ADSL 上网需要配置一块网卡、一个 ADSL Modem 和一条电话线。连接方式如图 3—12 所示。

连接好硬件后,需要在 Window XP 中建立 ADSL 的虚拟拨号,创建连接,步骤如下:

(1)打开"控制面板"窗口,如图 3—16 所示,双击"网络连接"图标。

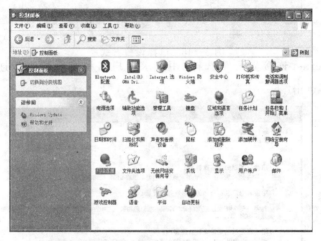

图 3—16　控制面板中的网络连接

(2)选择"网络连接"窗口左侧任务窗格中的"创建一个新的连接"。

(3)弹出"新建连接向导"窗口,点击"下一步"。

(4)进入"网络连接类型"界面,选择"连接到 Internet"单选按钮,如图 3—17 所示,再点击"下一步"。

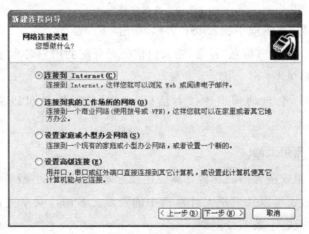

图 3—17　选择网络连接类型

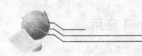

（5）进入"准备好"界面,选择"手动设置我的连接",如图3-18所示,再点击"下一步"。

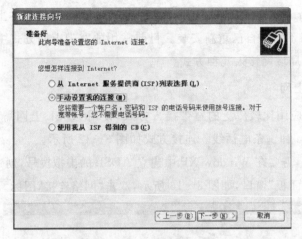

图3-18 选择设置方式

（6）进入"Internet 连接界面",选择"用要求用户名和密码的宽带连接来连接"。如图3-19所示,再点击"下一步"。

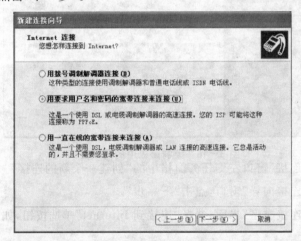

图3-19 选择连接方式

（7）在"ISP 名称"文本框中输入 ISP 名称,点击"下一步"。

（8）进入"Internet 账户信息"界面,输入电信公司分配的用户名和密码,并确认密码,如图3-20所示,再单击"下一步"。

（9）设置完成后,会自动弹出连接对话框,点击"连接",就可以进行网络连接,如图3-21所示。

2. 多用户共享宽带上网

如果能够将家里或宿舍中的几台计算机连接起来组成一个小型局域网,就能够实现共享一条宽带接入,还可以共享别人计算机中的资源。多用户共享宽带上网,首先需要购买一台路由器以及若干条双绞网线。

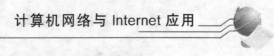

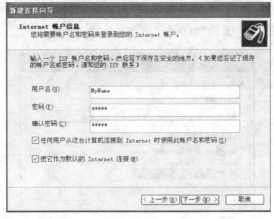

图 3-20　输入用户账号密码

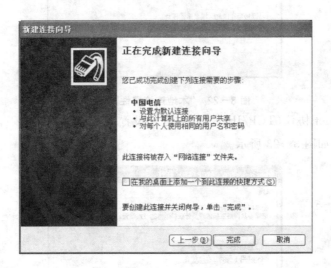

图 3-21　完成新建连接向导

（1）硬件连接。用户需要将从 ADSL 调制解调器或从局域网连接过来的网线插入到路由器的 WAN 端口。在将需要连接 Internet 的计算机分别使用网线连接到 LAN 端口，打开设备，完成硬件安装。

①WAN 端口：广域网端口，提供 ADSL Modem 或以太网接口。通常一个路由器只有一个。

②LAN 端口：局域网端口，用于连接计算机或其他以太网设备，根据路由器的配置，通常有 4 个或 8 个。

（2）手动配置路由器设置。一般情况下，计算机连接到路由器后，本机安装的 TCP/IP协议会自动搜寻路由，并且自动分配网址，计算机就可以上网了。如果需要自己配置上网参数，可以依照以下步骤完成。

①在控制面板中点击网络连接后，弹出"网络连接"对话框。

79

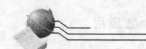

②双击"本地连接",弹出"本地连接属性"对话框,找到"Internet 协议(TCP/IP)",打开"Internet 协议(TCP/IP)属性"对话框,如图 3—22 所示。

图 3—22　"本地连接属性"对话框

③在"Internet 协议(TCP/IP)属性"中分别设置 IP 地址、子网掩码、默认网关,首选 DNS 服务器等,如图 3—23 所示。

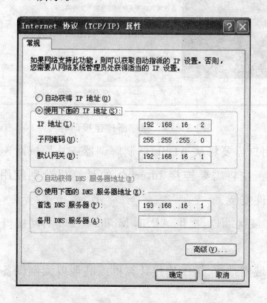

图 3—23　"Internet 协议(TCP/IP)属性"对话框

④如果希望手动设置路由器参数,可以在浏览器中输入路由器地址 192.168.16.1 (每一种路由器地址可能不同),输入管理账户和密码后即可进入路由器管理界面,如图 3—24、图 3—25 所示。

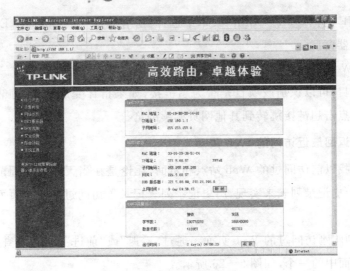

图 3-24　路由器管理页面 1

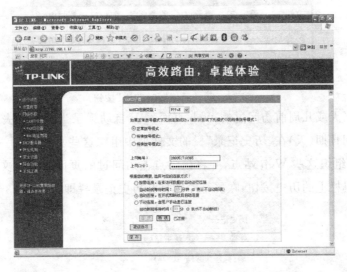

图 3-25　路由器管理页面 2

3.5.2 网页信息浏览

　　建立与 Internet 连接后,可以使用 Web 浏览器检索 Internet 上的资源,浏览器是一种客户端工具软件,主要功能是能以简单直观的方式使用 Internet 上的各种超文本信息、交互式应用程序及其他 Internet 服务。我们不仅可以访问 Web 页面,还可以收发电子邮件、阅读新闻或从 FTP 服务器下载文件。

1. 使用 IE 浏览器浏览 Internet

　　IE 浏览器已经成为上网使用频率最高的一种浏览器,通常直接在地址栏中输入网址即可进行访问。

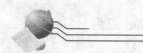

（1）启动 IE 浏览器。在"开始"菜单中选择"所有程序"→"Internet Explorer"，启动后将看到浏览器窗口。

（2）浏览 Web 页面。单击主页中的任何超链接，即可开始浏览 Web。将鼠标指针移过网页上的项目，可以识别该项目是否为超链接，如果指针变成手型，即表明是超链接。用户可以通过点击超链接跳转到其他网页继续浏览。

2.查找并返回最近访问的 Web 页面

如果想查找以前访问过的 Web 站点和页面，无论是在当天或者几周前的页面，都可以通过 IE 的历史记录列表来实现，历史记录列表记录了访问过的每个页面，以便日后返回该页面。

（1）返回到刚刚访问过的 Web 页面。通过"后退"或"前进"按钮，可直接查看当前页面之前 9 个页面中的一个，如图 3—26 所示。

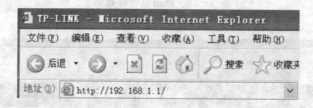

图 3—26 "后退"和"前进"按钮

（2）查询当天或几周前访问过的 Web 页面。IE 自动记录当天和过去访问过的 Web 页面，按照访问日期（天）在"历史记录"栏的文件夹中组织这些页面。在一天中按字母顺序在文件夹中组织这些 Web 站点，并将该站点上访问过的页面放到该文件夹中。只需要点击 IE 工具栏上的历史按钮，在屏幕左侧打开历史记录栏即可，如图 3—27 所示。

图 3—27 历史记录栏

3.更改主页

如果每次浏览 Web 页面时都要访问某个特定的站点，可将其设置为主页。这样，每次启动 IE 时就会打开这个页面。

操作方法：转到要设置的 Web 页面，在菜单工具栏中选择"工具"→"Internet 选项"，在"常规"选项卡中点击"使用当前页"即可,如图 3-28 所示。

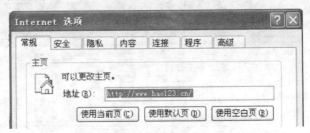

图 3-28　"Internet 选项"对话框

4.在计算机上保存网页

如果要把浏览器的 Web 页面长期保存在自己的计算机中,以便在脱机状态下也能查看,可以选择保存页面。

保存当前页面的方法是:在菜单栏上选择"文件"→"另存为"选项,弹出"保存网页"对话框,双击用于保存网页的文件夹,在"文件名"文本框中键入网页的名字。

(1)若要保存该网页所需的全部文件(包括图像、框架和样式表),则在"保存类型"中选择"网页、全部",按原始格式保存所有文件。

(2)若只保存当前 HTML 页,则在"保存类型"中选择"网页、仅 HTML",保存网页信息,但不保存图像、声音或其他文件。

(3)若只保存当前页面的文本,则在"保存类型"中选择"文本文件",以纯文本格式保存网页信息。

3.5.3 文件上传和下载

1.HTTP 下载

HTTP 是从服务器读取 Web 页面内容。Web 浏览器下载 Web 服务器中的 HTML 文件及图像文件等,并临时保存到个人电脑硬盘或内存中以供使用。在浏览网页时只需要点击指定文件的超链接或者在超链接上右击鼠标,选择保存就可以将文件保存到计算机。

2.FTP 上传和下载

可以通过传统的 FTP 命令行、浏览器和 FTP 管理工具上传或下载文件。但是最为方便和快捷的是使用专用的 FTP 管理工具,目前在市面上有很多的 FTP 工具可供使用。

(1)IE 浏览器访问 FTP。打开浏览器,在地址栏输入要链接的 FTP 站点的地址。例如 ftp://hexiaoyun.net,回车后就进入 FTP 站点。其后的工作就像操作自己计算机中的文件一样。可以下载、上传、修改和管理文件。

(2)使用专用 FTP 访问 FTP。目前市面上的 FTP 工具很多,如 CuteFTP、Flash-FTP、WS-FTP 等。使用 CuteFTP 访问 FTP 工具的界面如图 3-29 所示。

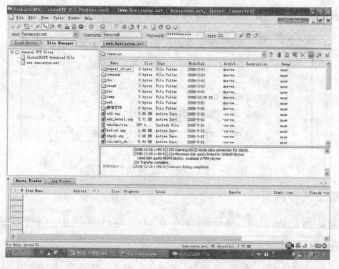

图 3-29　使用 CuteFTP 访问 FTP

3.迅雷下载

迅雷使用的多资源线程技术基于网格原理,能够将分布在网络上的服务器计算机资源进行有效地整合,构成独特的迅雷网络,使各种数据文件能够以很快的速度进行传输。同时迅雷不仅仅是一个下载工具,还提供了一个很大的资源搜索引擎,能有针对地查找软件、视频、音乐等文件。

迅雷安装完成后,由于它能自动监测用户计算机中的所有下载行为,当需要下载时,它便会自动启动,并弹出提示下载对话框。在该对话框中,用户可以选择存储目录、存储文件名、存储分类等参数。单击"更多选项",还可以设置"开始方式",添加下载注释等,如图 3-30 所示。

图 3-30　迅雷下载对话框

3.5.4 电子邮件

1. 申请电子邮箱

申请电子邮箱是一件很容易的事情,下面以申请"搜狐"免费电子邮箱为例,介绍申请电子邮箱的方法。

(1) 打开 http://mail.sohu.com/页面,如图 3－31 所示。

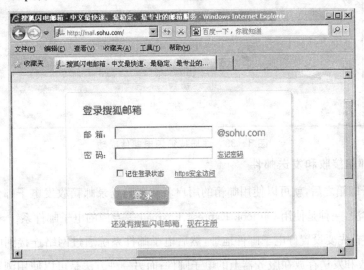

图 3－31　搜狐邮箱页面

(2) 单击"现在注册"链接,打开"闪电邮件新用户注册"的网页,然后按照页面的要求,输入用户账号(别人没用过的)、密码和提示问题等相关资料,如图 3－32 所示。

图 3－32　"闪电邮件新用户注册"的网页

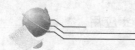

（3）单击"完成注册"按钮，打开"恭喜您，已经成功注册搜狐通行证！"的网页，如图3-33所示。

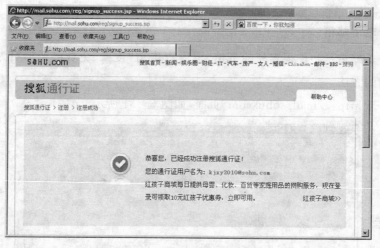

图3-33　注册搜狐闪电邮件成功

2.利用邮箱接收和发送邮件

申请电子邮箱之后，就可以使用邮箱的用户名和密码登录邮箱收发电子邮件。收发电子邮件有两种方法：一种是使用 Outlook Express、Foxmail 等专门的电子邮件系统，使用这些软件收发电子邮件首先要设置好电子邮件地址，然后电子邮件系统通过网络连接到电子邮件服务器，替用户接收和发送存放在服务器上的电子邮件；而另一种方法是可以使用浏览器方式来收发电子邮件，这种方法不需要进行设置，在网页上输入邮箱的用户名和密码即可。

下面以前面申请的 kjxy2010@sohu.com 电子邮箱为例，介绍利用 WWW 方式收发电子邮件的方法。

（1）打开 http://mail.sohu.com 页面，在"用户名"文本框中输入 kjxy2010，在"密码"文本框中输入申请邮箱时设置的密码，如图3-34所示。

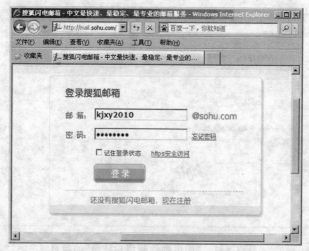

图3-34　输入邮箱的用户名和密码

86

（2）单击"登录"按钮，即可登录邮箱，此时，界面左边列出了邮箱中的所有文件夹。在页面的右边，显示了邮件的详细信息，如图 3－35 所示。

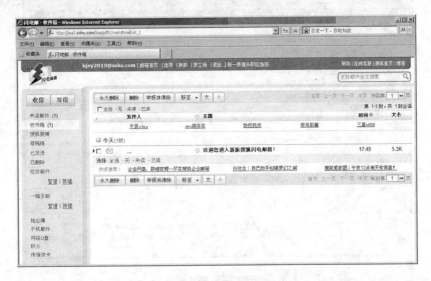

图 3－35　查看收件箱

（3）如果要查看收到的信件，可以单击邮件标题名称，即可显示相应的信件内容，如果该信件包含有附件，要查看附件内容，可以单击该附件的链接，如图 3－36 所示，即可打开"文件下载"对话框，然后就像下载普通文件一样下载该附件。

图 3－36　显示信件内容

（4）如果要撰写邮件，可以单击邮箱左侧的"写信"按钮，就会在右侧显示撰写邮件的页面。在其中填写收件人地址、主题、抄送地址和邮件内容等，如图 3－37 所示。

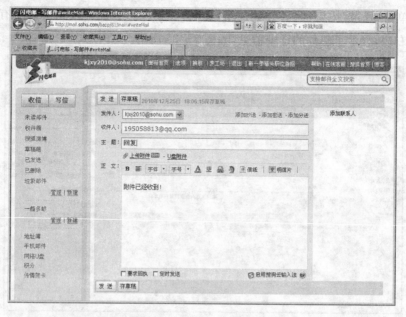

图 3-37　撰写邮件的页面

（5）最后单击"发送"按钮，即可将邮件发送出去。

3．使用 Outlook Express 收发电子邮件

在使用 Outlook Express 之前，首先需要设置电子邮件账户，而且其电子邮箱必须支持外部收信功能，其中，国内的大部分邮箱都支持 POP3 收信，而国外的邮箱一般不支持 POP3 收信。下面以 kjxy2010 @sohu. com 电子邮箱为例，介绍建立 Outlook Express 账户的方法。

（1）在 Windows XP 系统中，选择"开始"→"程序"→Outlook Express 命令，打开"您的姓名"连接向导（如果用户不是第一次使用 Outlook Express，那么会直接打开 Outlook Express 窗口），在"显示名"文本框中输入账户的显示名称，如图 3-38 所示。

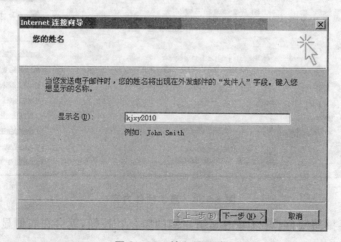

图 3-38　输入显示名

（2）单击"下一步"按钮，打开"Internet 电子邮件地址"连接向导，在"电子邮件地址"
文本框中输入 kjxy2010 @sohu. com，如图 3－39 所示。

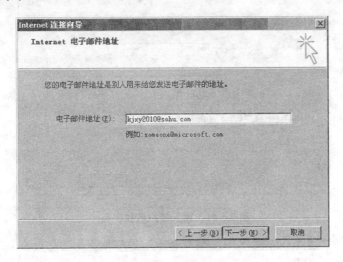

图 3－39　输入电子邮件地址

（3）单击"下一步"按钮，打开"电子邮件服务器名"连接向导，在"接收邮件服务器"和
"发送邮件服务器"文本框中输入 pop3. sohu. com 和 smtp. sohu. com（POP3 服务器和
SMTP 服务器的名称可以在搜狐邮箱的帮助中找到），如图 3－40 所示。

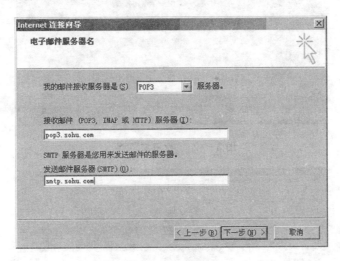

图 3－40　输入服务器的地址

（4）单击"下一步"按钮，打开"Internet Mail 登录"连接向导，在"账户名"和"密码"文
本框中分别输入邮箱的账户名和密码，如图 3－41 所示。

（5）单击"下一步"按钮，打开"祝贺您"连接向导，如图 3－42 所示。

（6）单击"完成"按钮，即可启动 Outlook Express 的主界面，如图 3－43 所示。

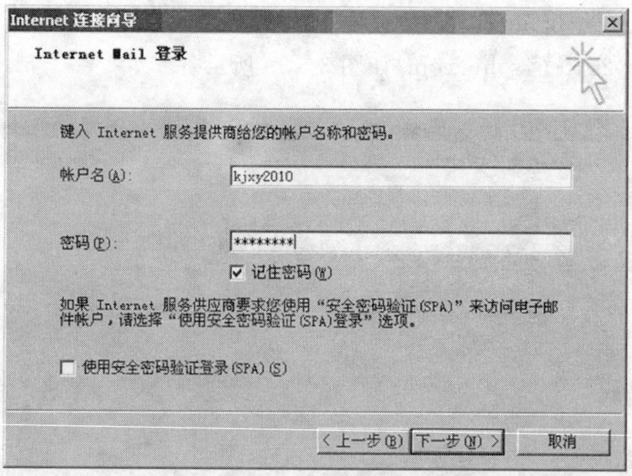

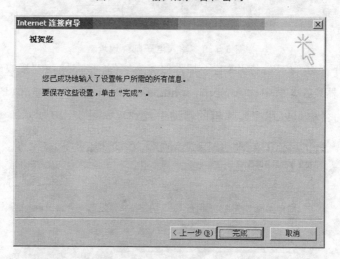

图 3-41　输入账户名和密码

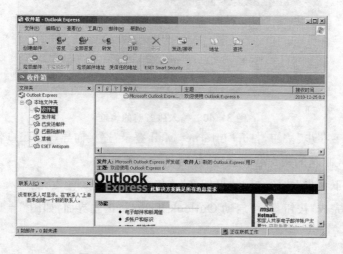

图 3-42　"祝贺您"页面

图 3-43　Outlook Express 的主界面

（7）建立账户结束后，因为一般的邮件服务器都要求验证合法身份才能发送邮件，所以选择"工具"→"账户"命令，打开"Internet 账户"对话框，切换到"邮件"选项卡，如图 3-44 所示。

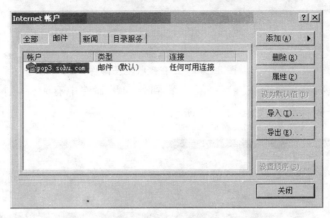

图 3-44　"Internet 账户"对话框

（8）选择要修改的账户，单击"属性"按钮，切换到"服务器"选项卡，选中"我的服务器要求身份验证"复选框，如图 3-45 所示。

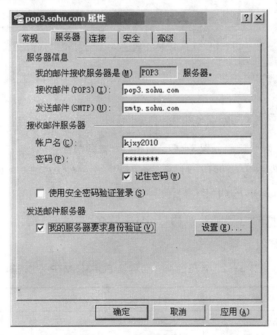

图 3-45　"服务器"选项卡

（9）单击"确定"按钮，再单击"关闭"按钮，返回到 Outlook Express 主界面中。当计算机连接到因特网时，就可以随时接收新邮件（在默认情况下，Outlook Express 会在一定时间内自动进行收信，如果用户不需要这个功能，可以选择"工具"→"选项"命令，打开"选项"对话框，取消选中"每隔××分钟检查一次新邮件"复选框）了，或单击工具栏中的"接

收和发送"按钮,当检查到新的电子邮件后,系统就开始接收邮件,如图 3-46 所示。

图 3-46　正在接收电子邮件

(10)信件接收后,就会在"收件箱"中看到。如果邮件中有附件,则会在邮件内容的右上角出现一个附件标志,如图 3-47 所示。

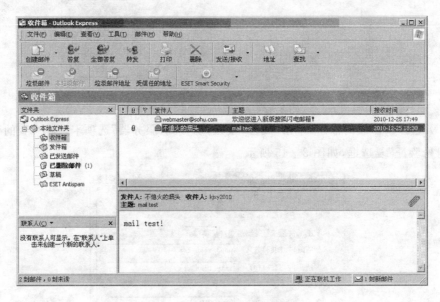

图 3-47　有附件标志的邮件

(11)单击有附件标志的图标,打开一个菜单,选择"保存附件"命令(也可以直接打开附件),然后按提示进行操作即可。

目前,国内外常见的电子邮箱机构(ISP)比较多,表 3-2 列出了一些比较常见的 ISP名称及 POP3、SMTP 服务器。

表 3-2　常见的 ISP 名称及 POP3、SMTP 服务器

ISP 名称	网址	支持协议	POP3 服务器	SMTP 服务器
hotmail	www. hotmail. com	www	不支持	不支持
雅虎	cn. mail. yahoo. com	www	不支持	不支持
Gmail	mail. google. com	www、pop3	pop. gmail. com	不支持
TOM	mail. tom. com	www、pop3、smtp	pop. tom. com	smtp. tom. com
网易	mail. 126. com	www、pop3、smtp	pop3. 126. com	smtp. 126. com
	smtp. 163. com	mail. 163. com	www、pop3、smtp	pop3. 163. com

ISP 名称	网址	支持协议	POP3 服务器	SMTP 服务器
新浪	mail.sina.com.cn	www、pop3、smtp	pop3.sina.com.cn	smtp.sina.com.cn
搜狐	login.mail.sohu.com	www、pop3、smtp	pop3.sohu.com	smtp.sohu.com
亿邮	freemail.eyou.com	www、pop3、smtp	pop3.eyou.com	smtp.eyou.com
21CN	mail.21cn.com	www、pop3、smtp	pop.21cn.com	smtp.21cn.com
263	mail.263.net	www、pop3、smtp	pop.263.net	smtp.263.net
腾讯	mail.qq.com	www、pop3、smtp	pop.qq.com	smtp.qq.com

此外,除了系统自带的 Outlook Express 外,还有很多其他邮件客户端软件,常见的有 Foxmail、Microsoft Outlook、Dreammail、KooMail 和 Thunderbird 等。其使用方法和 Outlook Express 类似。

3.5.5 使用搜索引擎查询信息

搜索引擎是随着 Web 信息的迅速增加而逐步发展起来的技术,它是一种浏览和检索数据的工具。目前常用的 Internet 搜索引擎有 Google(www.google.com)、百度(www.baidu.com)、Yahoo(www.yahoo.com)等。

1.初级搜索

(1)查询包含单个关键字的信息。如在搜索框内输入一个关键字"计算机基础"。单击"google 搜索"(或者直接按下"Enter"键)结果就会列出。

(2)如果查询两个或两个以上的关键字。在 Google 搜索引擎中,用空格来表示逻辑"与"操作。

(3)如果搜寻整个短语或者句子,就必须在短语或句子前面加上英文双引号,如"world war"否则会被当做"与"操作。

2.高级搜索

简单的搜索语法已经能够解决大部分问题,但是如果想更迅速更贴切地找到需要的信息,还需要了解搜索引擎的高级搜索技巧。

(1)对搜索网站进行限制。"site"表示搜索结果局限在某个具体网站或者网站频道,如"www.sina.com.cn",或者是某种域名,如"com.cn"等,因此在网站或域名前加上关键词 site,如"计算机基础 site:www.zqkjxy.com"。

(2)在某一类文件中查找信息。Google 不仅能搜索一般的文字页面,还能对某些二进制文档进行检索。目前,Google 已经能够检索到部分类型的文档,例如.doc、.rtf、.pdf、.swf 文件。如搜索关于计算机基础的 Word 文档,就可以在框中输入"计算机基础

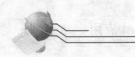
filetype.doc"进行查询。

（3）限定数值范围。在 Google 搜索引擎中，还可以使用"．．"限定搜索的数值范围，这样就可以大大提高搜索的精确程度。如搜索含有"计算机基础"的在 2006 至 2008 年发布的网页，可以输入"计算机基础 2006．．2008"。

如果对这些指令不熟悉，Google 还提供了高级搜索的页面，在 Google 中点击高级搜索就会出现高级搜索页面，根据自己的需求，方便的设置搜索语言、区域、文件格式、日期、网域和使用权限等。

一、简答题

1. 什么是计算机网络？

2. 什么是网络的拓扑结构？常见的网络拓扑结构有哪些？

3. 网络有哪些基本组成部件？各部件的作用是什么？

4. ISO 如何定义网络七层协议？

5. 什么是 TCP/IP 协议？

6. 什么是 Internet？Internet 的基本应用有哪些？

7. 什么是 ADSL？ADSL 的常用接入方法有哪几种？

二、上机练习题

1. 设置 ADSL 上网。

2. 使用浏览器访问 ftp://zqkjxy.com，并从中下载文件。

3. 在 www.126.com 上申请邮箱，进行邮件收发。

4. 在本机上安装邮件客户端，并使用申请的邮箱进行邮件收发。

5. 练习 Google 的简单搜索和高级搜索技巧。

6. 使用迅雷搜寻相关资源并进行下载。

第 **4** 章
文字处理软件 Word 2003

 学习指导

　　本章以实例的方式介绍 Word 2003 的基础知识和基本操作,包括 Word 2003 的启动与退出、文档的创建与编辑、文档的格式化、版面设置与文档打印、编辑工具的使用、图形及其他对象的插入、绘图操作和邮件合并等。

 学习目标

　　(1)掌握 Word 的启动和退出。

　　(2)掌握文档的创建、打开与保存。

　　(3)学会文字的查找与替换。

　　(4)掌握文档的复制、移动与删除。

　　(5)学会文档字符格式、段落格式的设置、页面设置与文档打印。

　　(6)掌握文档的样式与模板的应用。

　　(7)熟悉表格的创建、调整、修饰、计算与排序。

　　(8)掌握题注、书签的插入与应用。

　　(9)熟悉插入与编辑图片、文本框、艺术字与公式以及制作水印效果。

　　(10)掌握邮件合并的方法。

　　(11)掌握宏的创建与应用。

　　(12)学会使用大纲视图。

　　(13)掌握目录的创建和格式化。

4.1　Word 2003 概述

　　Word 2003 能够进行图文混合处理,大大方便了文稿的编辑,可以高效率、高水平地处理各种办公文件、商业资料、科技文章以及各类书信。与以前的版本相比,Word 2003 在界面、文件管理、图形处理和文档安全等方面都做了增强和改进。

95

4.1.1 Word 2003 的启动与退出

1.启动 Word 2003

启动 Word 2003 的方法很多,现在介绍最常用的几种方法:

(1)通过"开始"菜单启动。单击"开始"按钮,打开"开始"菜单。将鼠标指向"程序"菜单项,选择级联菜单中的 ■ Word 2003 程序项,即可启动 Word 2003。

(2)利用桌面上的快捷图标启动。如果在桌面上设置了快捷图标 ■ ,则双击此快捷图标也可启动 Word 2003。

(3)直接利用已经创建的文档进入 Word 2003。在 Windows XP 的"我的电脑"或"资源管理器"中浏览文件,双击查找到的 Word 2003 文档,即可进入 Word 2003。启动 Word 2003 后即打开 Word 2003 窗口,如图 4-1 所示。

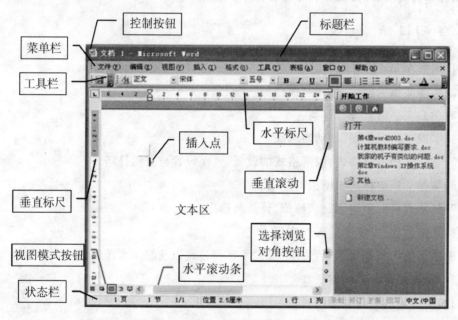

图 4-1　Word 2003 窗口

2.退出 Word 2003

退出 Word 有以下方法:

(1)用鼠标单击 Word 2003 窗口右上角的"关闭"按钮,可立即退出 Word 2003。

(2)用鼠标单击 Word 2003 窗口左上角控制菜单图标(或者按"Alt+空格"键,打开控制菜单),然后选择"关闭"命令;或直接双击控制菜单图标。

(3)用鼠标单击菜单的"文件"菜单,在下拉菜单上单击"退出"命令。

(4)按快捷键"Alt+F4"。

4.1.2 Word 2003 窗口的组成

Word 2003 的窗口主要由标题栏、控制按钮、菜单栏、工具栏、标尺、文本区、状态栏和滚动条等组成，如图 4-1 所示。

(1)标题栏：显示当前的应用程序(如 Microsoft Word)，并显示当前文档的文件名。

(2)控制按钮：在该按钮上单击鼠标，打开控制菜单，控制 Word 2003 窗口的大小、移动以及关闭该窗口。

(3)菜单栏：包括全部 Word 2003 命令的列表或菜单。

(4)常用工具栏：包括经常使用的命令的快捷按钮；格式工具栏：其中的按钮能执行常用的字体和段落格式命令。

(5)水平标尺和垂直标尺：利用标尺可以设置页边距、字符缩进和制表位。

(6)文本区：可以输入文本和图像的区域，该区有一个黑色竖线并不断闪烁，这是文字插入点。

(7)状态栏：用来提供关于当前正在窗口中查看的内容的状态、插入点所在的页数和位置以及文档的上下文信息。

(8)滚动条：水平或垂直移动文本，可以看到文档的不同部位。垂直滚动条上的方形滑块指明了当前插入点在整个文档中的位置。

(9)选择浏览对象按钮：快速浏览文档的按钮。

(10)视图切换按钮：以不同的视图显示文档，包括普通视图、Web 版式视图、页面视图和大纲视图。

4.1.3 工作环境的设置

1.工具栏的显示与隐藏

工具栏一般位于文本窗口的上下两端。工具栏上排列着各种按钮，分别对应着特定的操作命令。一般用鼠标单击即可执行相应的操作命令。利用工具栏按钮可使 Word 2003 操作起来变得更方便。

Word 2003 提供了多达 19 种工具栏，其中"常用"和"格式"工具栏为系统默认项，其余的工具栏可以在需要时加载。

例如，加载"表格和边框"工具栏的操作方法是：

(1)单击"视图"菜单中"工具栏"菜单，从级联菜单中选中"表格和边框"命令，如图 4-2所示。

(2)单击鼠标后，所选"表格和边框"工具栏就显示在窗口中。

此外，将鼠标指向菜单栏或工具栏上的任意位置，单击鼠标右键也可以打开工具栏

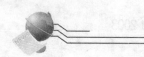

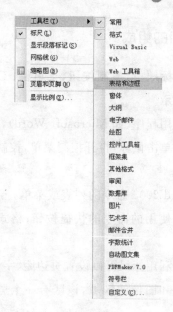

图 4-2　加载"表格和边框"工具栏

菜单选择所需工具栏。工具栏前的复选框内置有"√",表示该工具栏已被加载到窗口上。

2."选项"对话框的使用

可以通过"工具"菜单中的"选项"命令打开"选项"对话框,设置默认的工作环境,如图 4-3 所示。

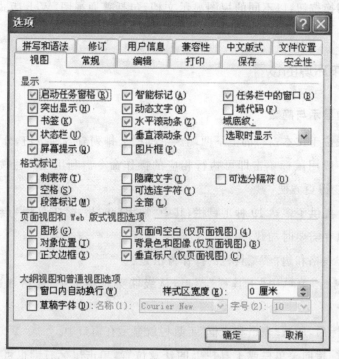

图 4-3　"选项"对话框

(1)选中"蓝底白字"复选框,可以将编辑窗口由"白底黑字"设置为"蓝底白字"。

(2)单击"度量单位"下拉列表框,可以选择标尺或对话框中使用的度量单位。

(3)选中"列出最近所用文件"数字框,可以调整在"文件"下拉菜单中列出的文件个数。

(4)选中"保存"选项卡中的"自动保存间隔时间"复选框,可以在后面的数字框输入或选择自动保存间隔时间;设置"打开权限密码",只有知道密码者可以打开此文档,设置"修改权限密码",并修改此文档,其他人只能查看,不能修改。

(5)"修订"选项卡中可以设置各种修订标记。

4.1.4 Word 2003 的帮助功能

1.Word 2003 帮助窗口

选择"帮助"菜单中的"Microsoft Office Word 帮助"命令或按"F1"键,选择所需的帮助项目可以查看相关内容。打开"Word 帮助"对话框,如图 4-4 所示。

图 4-4　"帮助"对话框

2.使用帮助

可以用以下方法访问 Word 2003 的帮助主题。

(1)在"Word 帮助"任务窗格的搜索文本框中输入你要搜索问题的关键字,然后单击"开始搜索"按钮。

(2)在"Word 帮助"任务窗格中,单击"目录"链接,可以看到一个列表,它包含了帮助文件的所有主题。

(3)如果启用了"Office 助手",单击它,然后在小气球中键入问题,或者在它建议的问题中单击某一个主题,即可显示相关的帮助信息。

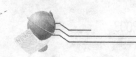
4.2 文档的基本操作

4.2.1 创建新文档

启动 Word 后,系统会自动建立一个以"文档 1"命名的文档,可以在此文档中录入与编辑文稿,但并不是每次建立新文档都需启动 Word。新建 Word 文档还有以下几种方法:

(1)依次选择"开始"→"所有程序"→"Microsoft Office 2003"→"Microsoft Office Word 2003"即可新建 Word 文档。

(2)使用快捷键来新建文档,即在 Word 中按"Ctrl+N"键,可以建立一个新的空白文档。

(3)单击"文件"菜单的"新建"命令,即可建立一个新的文档。

打开"新建文档"任务窗格,如图 4-5 所示。"新建文档"任务窗格提供了新建五种不同类型的文档:

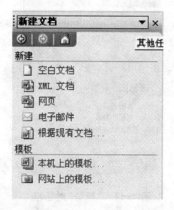

图 4-5 "新建文档"窗格

①空白文档。最常使用的 Word 文档。

②XML 文档。这是 Word 2003 的新特性,用来创建并编辑 XML 文档。

③网页。用来创建和编辑网页文档。

④电子邮件。打开一个可创建并发送电子邮件的表格,Word 是默认的电子邮件编辑器。

⑤根据现有文档。可以在已有的 Word 文档的基础上创建新文档。它实质是打开一个已有文档的副本,对已有文档的副本进行编辑,原有文档不受影响。

4.2.2 打开、保存与关闭文档

1.打开文档

打开文档是指在 Word 2003 程序中,将已经存储在磁盘上的文档装入计算机内存,并显示在编辑区中。

(1)打开磁盘上已存在的文档。

①利用 Windows 中的"我的电脑"或"资源管理器"浏览文件夹和文件后,在需要打开的 Word 2003 文档上双击鼠标,便可以启动 Word 2003 并打开该文档。

②选择"文件"菜单的"打开"命令或单击"常用"工具栏中的"打开"按钮,弹出"打开"对话框,如图 4—6 所示。

图 4—6 "打开"对话框

在对话框的"查找范围"列表框内选择要打开文件所在的驱动器名、文件夹名,在文件名列表框中选定需要打开的文件,单击"打开"按钮。也可在文件名列表框中鼠标双击文件名,即可快速打开选择的文档。

(2)打开的文件是最近使用的文档。"文件"菜单的底部将以菜单列表的方式列出文件名,单击需要打开的文件名,即可打开文档。

(3)同时打开多个文件。在 Word 2003 中,可以同时打开多个文档,已打开的文档的名字在"窗口"菜单中列出。选择的文档即成为当前文档;在任何时候都只有一个文档是活动的。另外,通过单击任务栏上相应的文档按钮,也可以切换当前文档。

操作方法:在"打开"对话框的"文件及文件夹"列表中,按住"Shift"键不放,用鼠标单击文档区的首尾,可以选中连续多个文档,按住"Ctrl"键单击文档,可以选择多个不连续的文档,选定文档后,单击"打开"按钮,即可同时打开多个文档。

2.保存文档

(1)保存新文档。

在 Word 2003 中,对已输入的内容,仅保存在计算机的内存中,并没有保存在磁盘中,一旦断电或关闭文档,在内存中的内容就会丢失。为防止关机或各种意外造成文档丢失,可单击"文件"菜单中的"保存"命令,将文档保存到磁盘上。打开如图 4-7 所示的"另存为"对话框,或单击"常用"工具栏中的"保存"按钮。

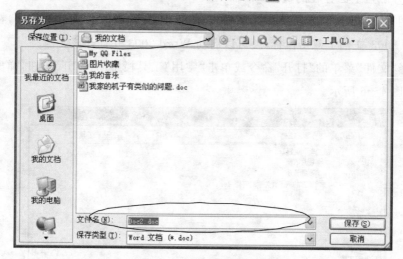

图4-7 "另存为"对话框

①保存位置。在列表框中选择存放该文件的准确位置。

②文件名。在"文件名"列表中,可根据实际情况输入所需的文件名,一般按意取名。

③保存类型。当 Word 2003 保存文件时,默认文件类型为.doc。

(2)保存已命名的文档。

①在已命名的文档中进行操作时,为防止断电等意外使文件丢失,需要及时对文档进行保存。在操作结束关闭文档时还需要再对文档进行保存。选择"文件"菜单中的"保存"命令,或单击工具栏上的"保存"按钮,即可保存 Word 2003 当前打开的文档,还可以用快捷方式"Ctrl+S"保存文档。

②另存文档。选择"文件"菜单的"另存为"命令,可以将文档重新命名后保存,如果要把文档转变为其他文档格式,则应在"保存类型"列表框中进行相应选择。

③多个文档同时保存。"保存"命令只能保存当前活动窗口中的文档,若要同时保存 Word 2003 窗口内的多个文件,可以采用按住"Shift"键不放,选择"文件"下拉菜单中的"全部保存"命令。

④自动保存。系统将根据我们设定的时间定时地保存文档。设置自动保存的方法:

选择"工具"菜单"选项"命令,出现"选项"对话框,选择"保存"选项卡,如图 4-8 所示。

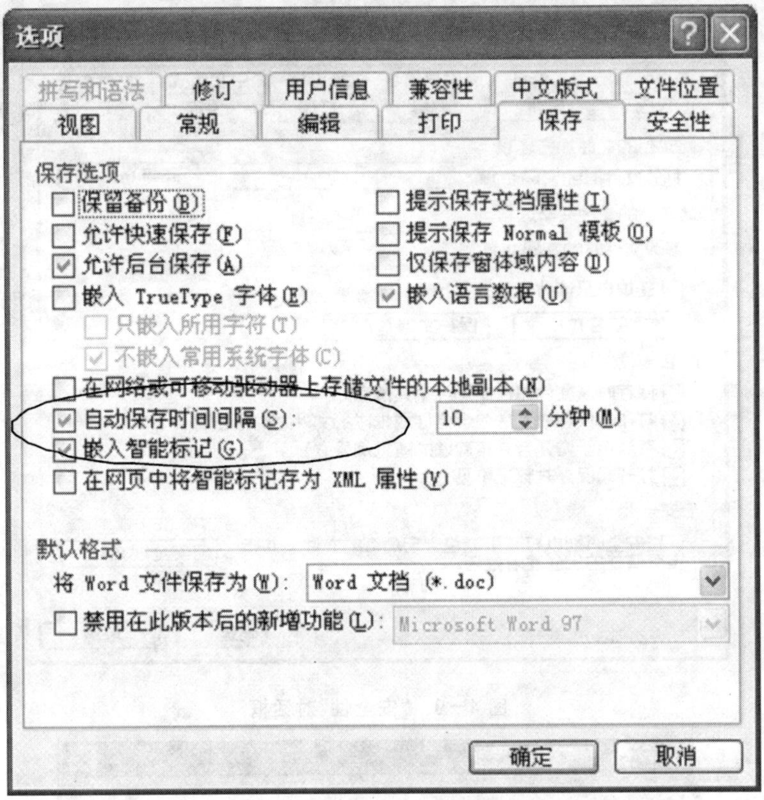

图 4-8　"选项"对话框之"保存"选项卡

可以设置自动保存时间间隔。在指定时间间隔后，Word 2003 将文档存放在临时文件中。当文档编辑结束时，还需要进行保存文档的工作。

⑤设置文档保护。在 Word 2003 中，可以给文档设置"打开权限密码"或"修改权限密码"，用于限制该文档的打开或修改。设置方法：选择"文件"菜单的"另存为"工具"安全措拖选项"命令，或选择"工具"→"选项"菜单命令，出现"选项"对话框，选择"安全性"选项卡，如图 4-9 所示。

3.关闭文档

在完成文档的输入或编辑后，可以将文档关闭，方法如下：

(1)单击标题栏上的"关闭"按钮。

(2)选择"文件"菜单的"关闭"命令。

(3)选择控制菜单中的"关闭"命令。

(4)按组合键"Alt＋F4"。

(5)按住"Shift"键，再单击"文件"菜单的"全部关闭"命令，可在不退出 Word 2003 的情况下关闭所有文档。

对于修改后没有存盘的文档，系统会给出提示信息，如图 4-10 所示。

单击"是"按钮，保存后退出；单击"否"按钮，不存盘退出；单击"取消"按钮，重新返回

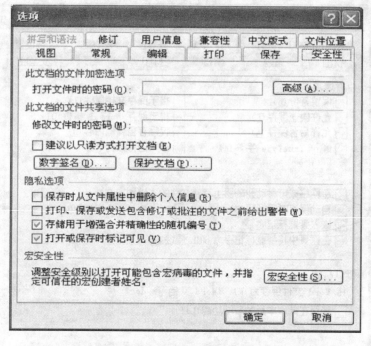

图 4-9 "安全性"对话框

图 4-10 未存盘退出对话框

编辑窗口。

对 Word 2003 文档进行格式化就是对输入文档中的文字进行字体、字号及段落对齐或缩进等各种修饰,另外,还可以为文档设置边框、底纹,从而使文档变得更加美观。

4.3 编辑文档

4.3.1 输入文本

1.汉字的输入

输入文本是 Word 的一项基本操作,在文档中输入中文,必须切换成中文输入法。在文档中输入文字时,先将鼠标定位至需输入文字处,单击鼠标,设置文字插入点(闪烁的光标），然后输入文字内容。

Word 2003 具有自动换行的功能，当输入到行尾时，不需要按"Enter"键换行，插入点会自动移至下一行行首，当完成一段文字的输入后，可以按"Enter"键来换行或产生空行，即可开始一个新的段落。Word 2003 会在段落结束处作一个段落标记符号"↵"。若无此符号，可以用鼠标单击"常用"工具栏上的 ¶ 按钮显示。

2．特殊符号的插入

有时输入文字时需要输入一些诸如希腊字母、罗马数字、日文片假名、汉语拼音和特殊符号。

【例 1】　按样文输入以下文本。

✎ 多媒体一词来源于视听工业。它最先用来描述由计算机控制的多投影仪的幻灯片演示，并且配有声音通道。如今，在计算机领域中，多媒体是指文（Text）、图（Image）、像（Video）等单媒体和计算机程序融合在一起形成的信息传播媒体。

操作步骤如下：

（1）单击"插入"菜单的"符号"命令，弹出"符号"对话框，在"字体"下拉列表中选择"Wingdings"，然后选择"✎"，最后单击"插入"按钮。

（2）调整输入法，按样文输入相应文本。

注意：按"Ctrl＋空格"键，可以切换中英文输入法。

4.3.2 编辑文本

在输入文稿的过程中难免出现错漏，并且编写好的文字也经常需要修改。因此，在一些地方插入、删除、复制、移动和替换文字或段落是编辑文稿时常用到的操作。

1．插入点的移动

编辑文本，必须时刻注意插入点的位置，通过移动光标键、水平和垂直滚动条将所编辑的位置移到编辑窗口内，再在编辑位置单击鼠标即可。

常用插入点移动快捷键如下：

←：光标左移一个字符。

→：光标右移一个字符。

↑：光标上移一行。

↓：光标下移一行。

Home：光标移至行首。

End：光标移至行尾。

PgUp：光标上移一屏。

PgDn：光标下移一屏。

Ctrl＋Home：光标移至文档首。

Ctrl＋End：光标移至文档尾 。

2. 选中文本

在编辑文档时，必须先选中该文本。Word 2003 提供了强大的文本选择方法，可以选择一个或多个字符，一行或多行，一段或多段，一个对象或多个对象，甚至整篇文档。选择文本可以用鼠标或键盘进行操作。

(1) 使用鼠标选定文本。使用鼠标选定文本方法简便且速度较快，是最常见的方法。

一个单词：双击该单词。

一行文字：单击该行最左端的选择条。

多行文字：选定首行后向上或向下拖动鼠标。

一个句子：按住"Ctrl"键后单击该句的任何地方。

一个段落：双击该段最左端的选择条，或者三击该段落的任何地方。

多个段落：选定首段后向上或向下拖动鼠标。

连续区域文字：单击所选内容的开始处，然后按住"Shift"键，最后单击所选内容的结束处。

矩形区域文字：按住"Alt"键，然后拖动鼠标。

(2) 使用键盘选定文本。利用"Shift"或"Ctrl"与方向键选定文本。

右边一个字符：Shift＋ →。

左边一个字符：Shift＋ ←。

至单词（英文）结束处：Ctrl＋Shift＋ →。

至单词（英文）开始处：Ctrl＋Shift＋ ←。

至行末：Shift＋End。

至行首：Shift＋Home。

下一行：Shift＋ ↓。

上一行：Shift＋ ↑。

至段落末尾：Ctrl＋Shift＋ ↓。

至段落开头：Ctrl＋Shift＋ ↑。

下一屏：Shift＋PgDn。

上一屏：Shift＋PgUp。

至文档末尾：Ctrl＋Shift＋End。

至文档开头：Ctrl＋Shift＋Home。

整个文档：Ctrl＋5（小键盘上）或 Ctrl＋A。

4.3.3 插入、删除、移动与复制文本

1.插入文本

编辑 Word 2003 文档时，在文档的任意位置插入新的文字是比较容易的。下面通过实例说明插入文字的步骤。

【例 2】　在"【例 1】"中的"图（Image）、"后，插入"声（Audio）、"

首先将光标移动到"图（Image）、"后，单击鼠标，定位插入点，从键盘录入要插入的文字即可。

有时需要插入的文本可能要来自另外的文件，这时可以采用"插入"菜单中的"文件…"选项来进行操作。

2.删除文本

【例 3】　删除文字"如今，在计算机领域中，"

选定欲删除的文本，按"Del"键或退格键即可将其删除。

在没有选定文本时，按"Del"键将删除光标插入点后的字符，按退格键将删除光标插入前的字符。

如果误删除文本，可以单击工具栏上的"撤销"按钮 或按快捷键"Ctrl＋Z"将其复原。

3.移动与复制文本

在编辑过程中，经常遇到信息的复制和移动操作。移动是指将信息从原来位置删除并插入到新位置；复制则是指将选定信息的备份插入到新位置。

（1）使用剪贴板。移动或复制文本可以利用剪贴板来完成，移动文本用"剪切"和"粘贴"命令，复制文本用"复制"和"粘贴"命令。具体操作如下：

①选定要移动或复制的文本。若是剪切文本，则单击"常用"工具栏上的"剪切"按钮 ，或选择"编辑"菜单中的"剪切"命令；若是复制文本，则单击"常用"工具栏上的"复制"按钮 ，或选择"编辑"菜单中的"复制"命令。

②将插入点移至需移动或复制文本的位置。单击工具栏上的"粘贴"按钮 或执行"编辑"菜单中的"粘贴"命令，选定的文本即移动或复制到插入点位置。

移动文本的另一种方法是：选择要移动的文本，用鼠标拖动选择的文件至需要的位置。复制文本的另一种方法是：选择要复制的文本，按住"Ctrl"键和鼠标左键拖动文本至需要的位置。

4.3.4 查找与替换文本

使用 Word 2003 的查找与替换功能，可以在整个文档中快速查找或替换特定内容。

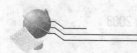

查找或替换的内容除普通文字外,还可查找和替换特殊字符,如段落标记、制表符、标注、分页符等,也可进行模糊查找。

1.查找

若要限定查找的范围,则应选定文本区域,否则系统将在整个文档范围内查找。

【例4】 查找前例文档中的"计算机"字符。

操作步骤如下:

(1)选择"编辑"菜单栏中的"查找"命令,打开"查找和替换"对话框,如图4—11所示。

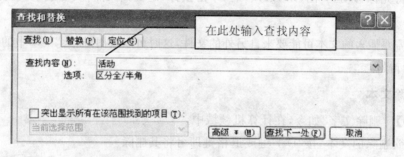

图4—11 "查找和替换"对话框

(2)在"查找内容"编辑框内输入查找的字符"计算机"。

(3)单击"查找下一处"按钮即开始进行查找工作。如果找到,Word 2003将会将光标移至该字串处并以反向显示,否则会提示未找到。如果反向显示部分不是需要查找的位置,则可以利用"查找下一处"按钮继续查找。

2.高级查找

如果要查找带有格式的文本、特殊符号或者对查找的范围及内容进行限定,就需要使用高级查找。

单击图4—11对话框中的"高级"按钮,就会出现如图4—12所示的"高级查找"对话框。高级查找对话框主要是用于查找限定的内容,其他操作与常规查找完全相同。在图4—12所示的查找中将搜索范围设定为"全部",同时还要求"区分全/半角"和"区分大小写"。

(1)查找特殊符号。单击"特殊字符"按钮,打开"特殊字符"列表,从中选择查找除键盘字符和符号以外的可打印字符。

(2)查找带格式文本。首先单击"格式"按钮,在弹出的选项菜单中选择所需要查找的格式:字体、段落、制表位、语言、图文框、样式和突出显示。

(3)限定搜索范围。打开"搜索范围"列表,设置搜索范围和方向,然后设置搜索匹配条件:全部、向下、向上。

(4)限定搜索对象。在高级查找中,Word 2003还提供了"区分大小写"、"全字匹配"、"使用通配符"、"同音"、"查找单词的各种形式"及"区分全/半角"6种用于限定搜索对象的选择项。

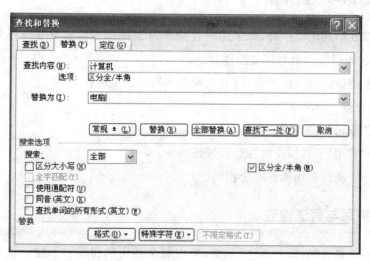

图 4－12　高级查找设置

3.替换

替换的操作与查找的操作相类似。

【例5】　将上例中所有的"计算机"替换为"电脑"。

操作步骤如下：

(1)选择"编辑"菜单栏中的"查找"命令,打开"查找和替换"对话框,如图 4－13
所示。

图 4－13　"查找和替换"对话框

(2)在"查找内容"编辑框内输入"计算机"。在"替换为"编辑框内输入"电脑",单击
"全部替换"按钮。

4.3.5 定位

浏览文档时,可以利用键盘、快捷键、滚动条及浏览按钮等方法在文档中定位。

使用"定位"命令的方法如下:

(1)选择"编辑"菜单中的"定位"命令或按"F5"键,打开"定位"选项卡,如图 4-14 所示。

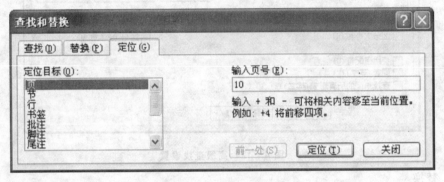

图 4-14 "定位"选项卡

(2)定位目标列表中选择定位的目标,如"页",表示要定位到指定的某一页。在列表框右侧的编辑框内输入具体的数值(如"10")或特定内容。

(3)单击"定位"按钮,插入点即可移动到指定位置。

4.3.6 撤销与恢复操作

进行编辑或格式化操作时,如果用户在编辑时误操作或需要重复操作时,就可以使用 Word 2003 提供的撤销与恢复操作命令。

如果要撤销最近的一次操作,以下三种方法均可以实现:

(1)按组合键"Ctrl+Z"。

(2)使用"编辑"菜单中的"撤销"命令。

(3)单击"常用"工具栏中的"撤销"按钮。

恢复操作方法与撤销操作完全相同。

4.3.7 拼写与语法检查

Word 2003 具有"拼写和语法"功能,可以将文档中的拼写和语法错误检查出来,以避免可能因为拼写和语法错误而造成的麻烦。在默认情况下,用红色波浪下划线表示可能出现的拼写问题,用绿色波浪下划线表示可能的语法问题。

更正拼写和语法错误的操作方法:单击"工具"菜单,"拼写与语法"命令,弹出"拼写和语法"对话框,如图 4-15 所示。

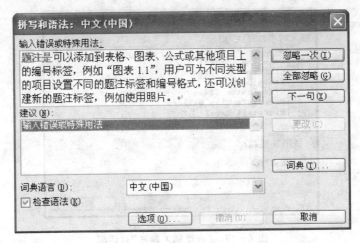

图4-15 "拼写和语法"对话框

4.3.8 插入题注

题注是可以添加到表格、图表、公式或其他项目上的编号标签,如"图表1.1",用户可为不同类型的项目设置不同的题注标签和编号格式,还可以创建新的题注标签,例如使用照片。如果后来添加、删除或移动了题注,Word 2003还可以更新所有题注的编号。

1.插入题注

插入题注分为以下两种方式。

(1)在插入表格、图表、公式或其他项时自动添加题注,其操作步骤如下:

①单击"插入"菜单的"引用"命令,弹出下拉菜单,再单击"题注"选项,弹出"题注"对话框,如图4-16所示。

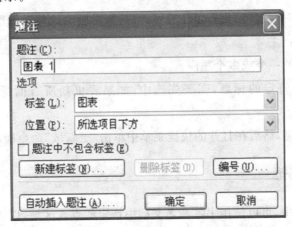

图4-16 "题注"对话框

②单击"自动插入题注",弹出"自动插入题注"对话框,如图4-17所示。

③在"插入时添加题注"列表中,选择要插入题注的项目。

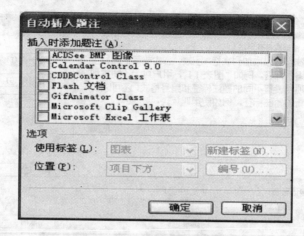

图 4-17　"自动插入题注"对话框

④选择其他所需选项。

⑤单击"确定"按钮。

⑥在文档中选择要为其添加题注的项目。Word 2003 会自动添加相应的题注。

⑦如果要添加附加说明,请在题注之后单击,然后键入所需文字。

(2)为文档中已有的表格、图表、公式或其他项目手动添加题注,其操作步骤如下:

①选择要为其添加题注的项目。

②单击"插入"→"引用"菜单命令,在弹出的菜单中再单击"题注"选项。

③在"标签"列表中,选择要 Word 2003 为其插入题注的项目。

④选择其他所需选项。

⑤单击"确定"按钮。

2.修改题注

在插入新题注时,会自动更新题注编号,但是如果删除或移动标题,则需手动更新题注。操作步骤如下:

①选择要更新的一个或多个题注。

②如果要更新特定的标题,需要先选中;如果要更新所有的标题,需要选中整个文档。

③单击鼠标右键,然后在打开的快捷菜单中单击"更新域"命令即可。

4.3.9 使用书签

在 Word 2003 中,可以使用书签命名文档中指定的点或区域,以识别章、表格的开始处,或定位需要工作的位置。可以用书签标记一个位置或字符,也可以标记一定范围的所有字符、图形及其他 Word 元素,并可以利用书签直接跳转到该处,而不用滚动或搜索。

1.书签概述

书签是以引用为目的,加以标识和命名的位置或选择的文本范围。书签标识文档内以后可以引用或链接到的位置。例如,你可以使用书签来标识需要日后修订的文本。使用"书签"对话框,就无需在文档中上下滚动来定位该文本。

书签名命名:以字母开头,可以包含数字但不能有空格。可以用下划线字符来分隔文字。

2.添加和显示书签

(1)添加书签。为文档添加书签的操作步骤如下:

①选择要为其指定书签的项目,或单击要插入书签的位置。

②单击"插入"菜单的"书签"命令或按下"Ctrl＋Shift＋F5"快捷键,打开"书签"对话框,如图 4－18 所示。

图 4－18　"书签"对话框

③在"书签名"文本框中键入或选择书签名称,书签名最长不能超过 40 个字符。

④单击"添加"按钮,关闭对话框,完成该书签的插入。

(2)显示书签。在文档中显示书签可以更有效地使用书签。显示书签的操作步骤如下:

①单击"工具"菜单的"选项"命令,然后单击"视图"选项卡。

②选中"书签"复选框。

③如果已经为一项内容指定了书签,该书签会以括号([…])的形式出现。如果是为一个位置指定的书签,则该书签会显示为 I 形标记。

3.定位到特定书签

在定义了一个书签后,可以利用"定位"对话框来定位书签。操作步骤如下:

①打开需要定位的文档。

②单击"编辑"菜单的"定位"命令,打开"查找与替换"对话框的"定位"选项卡,在"定

位目标"列表中选择"书签"选项,如图4-19所示。

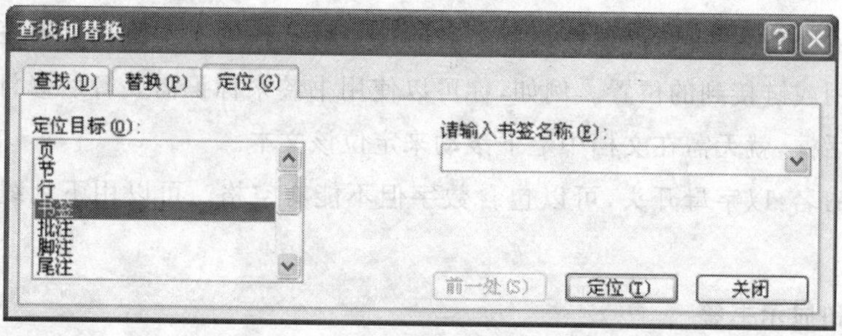

图4-19 "查找和替换"对话框

③在"请输入书签名称"下拉列表框中选择书签"指定文档"选项。

④单击"定位"按钮,此时插入点将自动定位到书签所在的位置上。

4.删除书签

删除书签的操作步骤如下:

①单击"插入"菜单的"书签"命令。

②在书签名的下拉列表中选中欲删除的书签名。

③单击"删除"按钮即可。

4.4 文档格式化

4.4.1 字符格式化

字符指的是汉字、西文字母、标点符号和数字。字符格式包括:字体、字形、字号(即大小)、颜色、下划线、着重号、效果(删除线、阴影、下标、上标、阴文、阳文等)。

格式设置的有效范围:可以先定位插入点,再进行格式设置,所做的格式设置对插入点后新输入的文本有效,直到出现新的格式设置为止;也可以先选中文字,再进行格式设置,所做的格式设置只对所选中的文字有效。对同一文字设置新的格式后,原有格式自动取消。

格式设置常用工具:格式工具栏、"字体"对话框。

1.利用格式工具栏设置字体格式

如图4-20是"格式"工具栏,利用"格式"工具栏,可以简便地进行格式设置操作。设置时,可以根据需要选择工具栏中各项的下拉式列表中的选项。

选定文本后,可以使用字体设置按钮 宋体 ▼ 设定文本的字体;字号设置按钮 五号 ▼ 设定字体的大小;可以在字号列表框直接输入需要的字体大小值,如输入

图 4-20　"格式"工具栏

"200"(磅),则可以在 Word 2003 中制作大字体。"加粗"按钮 **B** 、"斜体"按钮 *I* 、"下划线"按钮 **U** 分别为选定的文本加粗、倾斜、下划线;"加框"按钮 **A** 、"阴影"按钮 **A** 、"字符缩放"按钮 **※** 分别为选定的文本设置加框、阴影和字符缩放;"字体颜色"设置按钮 **A** 可选择所需字体颜色。再次单击各按钮,则取消设置。

2.利用"字体"对话框设置字体

格式工具栏只能对字符进行有限的格式设置。全部格式的设置在"字体"对话框中。

选择"格式"菜单中的"字体"命令,打开"字体"对话框,用户可根据需要在此对话框中对选定的文本进行修饰,如图 4-21 所示。

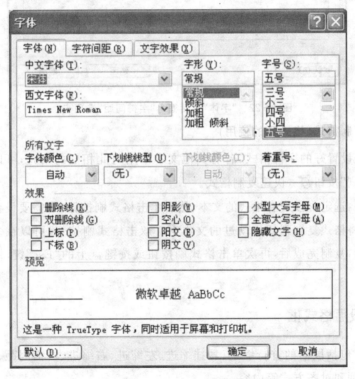

图 4-21　"字体"对话框

3.设置字符间距

单击"字体"对话框中的"字符间距"选项卡,可以设置文档中字符之间的距离,如图 4-22 所示。

(1)"缩放"下拉列表框用于按文字当前尺寸的百分比横向扩展或压缩文字。

(2)"间距"下拉列表框用于加大或缩小字符间的距离;右侧的文本框可输入间距值。

(3)"位置"下拉列表框用于将文字相对于基准点提高或降低指定的磅值。

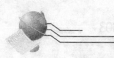

图 4-22 "字体"对话框之"字符间距"选项卡

4.快速复制格式(格式刷的使用)

对于已经设置好的字符格式,若有其他文本采用与此相同的格式,可以用常用工具栏内的"格式刷"按钮 ,快速复制格式。

操作方法:选定一段带有格式的文本,然后单击格式刷按钮,在需要设置格式的文本上拖动,即可将格式复制到新拖动过的文本上。双击格式刷按钮,可以在多个地方拖动进行格式复制,复制完成后,再次单击格式刷按钮或按键盘上的"Esc"键,即可取消格式刷上的格式。

4.4.2 段落格式化

段落设置包括段落的首行缩进、悬挂缩进、左缩进、右缩进、段前间距、段后间距、行间距、大纲级别和对齐方式等内容。

设置段落格式时,可以先定位插入点,再进行格式设置,所做的格式设置对插入点后新输入的段落有效,并会沿用到下一段落,直到出现新的格式设置为止;对已经输入的段落,将插入点放入段落内的任意位置(无需选中整个段落),再进行格式设置,所做的格式设置对当前段落(光标所在段落)有效;若对多个段落设置格式,应该先选中该段落。设置新格式将取代原有的旧格式。

格式设置常用工具有:格式工具栏、水平标尺、"段落"对话框等。

1.利用格式工具栏设置段落格式

首先将插入点移到需要设置格式的段落内,单击格式工具栏中的按钮,格式工具栏中段落设置按钮如图 4—20 所示。

利用"格式"工具栏中两端对齐▓、居中对齐▓、右对齐▓、分散对齐▓等按钮可以快速设置文本对齐方式,如图 4—23 所示。

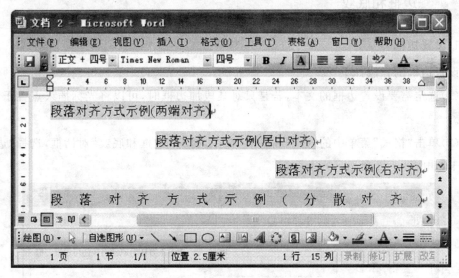

图 4-23　不同对齐方式的效果

2.利用水平标尺设置段落缩进

水平标尺上有段落缩进设置标志,如图 4—24 所示。拖动相应的标志,可以设置段落的缩进。

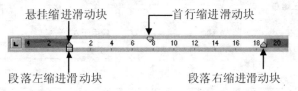

图 4-24　水平标尺上的滑块

(1)"悬挂缩进"控制段落中除第一行外,其他各行的缩进距离。

(2)"首行缩进"控制段落第一行第一个字符的位置。

(3)"左缩进"控制整个段落距左边界的距离。

(4)"右缩进"控制整个段落距右边界的距离。

3.利用"段落"对话框设置段落格式

对段落格式的所有设置均可以通过"段落"对话框实现。

水平标尺上的滑动块可以快速设置段落缩进,但不能精确设置;利用"段落"对话框则可以精确设置。

注:一般情况下,居中对齐的段落首行缩进值应为零(或设为无特殊格式)。

对段落格式的设置还包括"换行和分页"、"中文版式"。例如,不允许段落只有一行处在另一页上、段内不允许分页、按中文习惯控制首尾字符等,这些操作都可以通过"换行和分页"选项卡、"中文版式"选项卡中的选项设置。

4.4.3 边框和底纹

1.设置边框

设置边框的方法如下:

(1)选定需要设置边框的文本,若是只对某段加边框时,可以将光标插入点置于该段即可。

(2)单击"格式"菜单中的"边框和底纹"命令,打开"边框和底纹"对话框,选择"边框"选项卡,如图4-25所示。

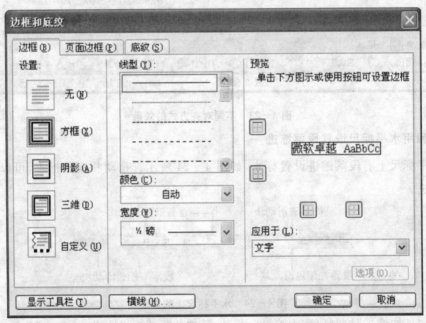

图4-25 "边框和底纹"对话框之"边框"选项卡

如果要指定只在某些边添加边框,可以选择"自定义"边框,然后在"预览"框中单击图表中的这些边,或者用█、█、█、█按钮来设置或取消边框。此外,在其他边框类型中也可以单击按钮来取消或设置边框,但各种边框类型提供的按钮有所差别。

如果要指定边框相对于文档的精确位置,可以单击"选项"按钮,在弹出的对话框中设置边框和正文的距离。

2.设置底纹

在"边框和底纹"对话框中单击"底纹"选项卡,在该选项卡中设置有关选项,可为选定文本添加丰富多彩的底纹,如图 4—26 所示。

此外,通过"表格和边框"工具栏中的按钮 □ ▼ ◇ ▼ 也可以设置基本的边框和底纹。

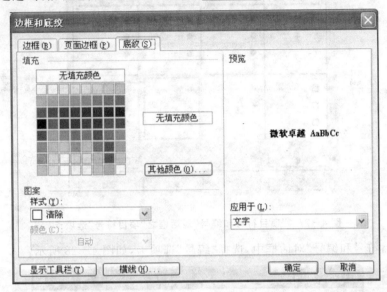

图 4—26　"边框和底纹"对话框之"底纹"选项

4.4.4 项目符号与编号

在文档中,为了阐述某些内容,经常需要使用"一、二、三……"或"1、2、3…"等编号注释某些段落。另外,为了突出某些重点内容,会用一些特殊的符号加以表示,如用"·"、"＊"、"☆"等符号。在 Word 2003 中用项目符号和编号功能来实现这一目的。

1.插入项目符号

可按如下步骤在文档内容中加上项目符号:

(1)单击"格式"菜单中的"项目符号和编号"命令,打开"项目符号和编号"对话框,并选择"项目符号"选项卡,如图 4—27 所示。

(2)从"项目符号"选项卡中选择项目符号,单击"确定"按钮,即插入项目符号。

(3)若对其中的符号不满意,可以单击"自定义"按钮,出现"自定义项目符号列表"对话框,从中可以设置自定义项目符号。也可以单击"图片"按钮,打开"图片符号"对话框,选取图片做项目符号。

(4)按回车键另起一段后,Word 2003 在新的一行将自动插入所选定的符号,直接可以输入下一个项目内容。

2.插入编号

(1)"编号"选项卡。

利用"编号"选项卡插入编号的方法是:

系统默认的
此项目符号

单击可选择图
片做项目符号

选定的项目符号
及插入后的效果

单击自定义所
选的项目符号

图4-27 "项目符号和编号"对话框之"项目符号"选项卡

在"项目符号和编号"对话框中,选择"编号"选项卡,如图4-28所示。

图4-28 "编号"选项卡

在"编号"选项卡中选择适当的编号形式后,单击"确定"按钮,这样就完成了编号的插入操作。

若对此对话框中的编号不满意,可以单击"自定义"按钮,进入"自定义编号列表"对话框,从中设置自定义编号列表。

此外,还可以单击"格式"工具栏上的三和三按钮插入编号和项目符号。

(2)增加或删除编号。

若需要取消某一段的编号,可以将插入点移至该段前面,单击"编号"按钮,则该段编号消失。同时,该段后续各段的编号自动减1。若在某编号之间插入一个编号,只须在相应位置键入回车键,开始新的段落时,Word 2003 自动为该新段落编号,同时将后续的段落编号自动加 1。

3.取消自动编号

有时用户在文档中进行自动编号时容易出错,可以将自动编号功能关闭。操作方法如下:

(1)选择"工具"菜单中的"自动更正"菜单项,打开"自动更正"对话框,选择"键入时自动套用格式"选项卡。

(2)将"自动项目符号列表"和"自动编号列表"前复选按钮从 ☑ 设置为 □ 即可取消该项自动功能。

在该对话框中可以设置或取消多项的 Word 2003 自动功能、自动更正、自动套用格式等。

4.4.5 首字下沉

将文档的第一字变得大一些,达到图形化的目的,Word 2003 中可以用"首字下沉"实现这一功能。

(1)将插入点移至需首字下沉的段落中。

(2)选择"格式"菜单中的"首字下沉"命令,打开"首字下沉"对话框,如图 4-29 所示。

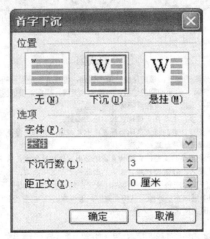

图 4-29 "首字下沉"对话框

(3)在对话框中设置首字下沉位置,如下沉、悬挂;选择首字字体、下沉行数等参数。

(4)单击"确定"按钮,返回文档后,便可以看到首字下沉的效果。

【例 6】 打开文档 WL1.doc,按如下要求设置文档格式。

(1)设置第一行为黑体,四号,粗体,居中;正文第二、三、四、五段为楷体。

(2)为正文第一段添加浅黄色底纹;设置首行下沉 2 行效果。

(3)设置正文第六、七段,左右各缩进 1 厘米,首行缩进 2 字符。

(4)设置正文最后一段段前 12 磅。

(5)为正文第二、三、四、五段,添加项目符号。

操作步骤如下:

(1)选中第一行,单击菜单"格式"→"字体",弹出"字体"对话框,按要求选择设置;选中正文第二、三、四、五段,单击"工具栏"的字体工具的下拉列表,选中"楷体"。

(2)选中正文第一段,单击菜单"格式"→"边框和底纹",弹出"边框和底纹"对话框,单击"底纹"标签,选择"浅黄色"底纹,单击"确定"按钮;插入点落在正文第一段,单击菜单"格式"→"首字下沉",弹出"首字下沉"对话框,单击"下沉",设置"下沉行数"为"2",单击"确定"按钮。

(3)选中正文第六、七段,单击菜单"格式"→"段落",弹出"段落"对话框,单击"缩进和间距"标签,设置左、右缩进的值为"1 厘米",单击"特殊"格式的下拉列表,选中"首行缩进",设置值为"2"字符,单击"确定"按钮。

(4)选中正文最后一段,单击菜单"格式"→"段落",弹出"段落"对话框,单击"缩进和间距"标签,设置"段前"值为"12"磅,单击"确定"按钮。

(5)选中正文第二、三、四、五段,单击菜单"格式"→"项目符号和编号",弹出"项目符号和编号"对话框,选中相关的项目符后,单击"确定"按钮,如图 4—30 所示。

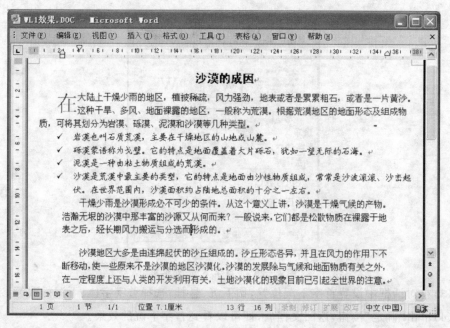

图 4—30　WL1 效果

4.5　版面设计与打印文档

4.5.1 分节与分页

1. 分节

节是文档格式化的基本单位。在 Word 2003 中一个文档可以分为多个节,根据需要每节都可以设置各自的格式,而不影响其他节的文档格式设置。在 Word 2003 中通过设置分节符可以以节为单位设置页眉或页脚、段落编号或页码等内容。

(1)设置分节符。使用"分隔符"命令可以将文档任意分节,其方法如下:

1)将插入点移至需要分节的位置。

2)单击"插入"菜单中的"分隔符"命令,打开"分隔符"对话框,如图 4-31 所示。

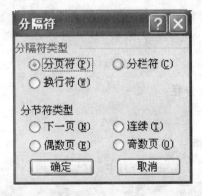

图 4-31　"分隔符"对话框

3)在"分隔符"对话框中的"分节符类型"框中选择下列任一种分节的方式:

①下一页:在插入分节符处进行分页,下一节从下一页开始。

②连续:分节后,在同一页中下一节的内容紧接上一节的节尾。

③偶数页:在下一个偶数页开始新的一节。如果分节符在偶数页上,则 Word 2003 会空出下一个奇数页。

④奇数页:在下一个奇数页开始新的一节。如果分节符在奇数页上,则 Word 2003 会空出下一个偶数页。

4)单击"确定"按钮返回文档,即可在插入点当前位置分节。

(2)删除分节符。若想删除分节,只要在普通视图中将插入点置于分节符之前按"Del"键或在分节符之后按"Backspace"键。也可以将分节符选中,单击"常用"工具栏上的"剪切"按钮 ✂ 删除分节符。

2.分页

页面充满文本或图形时,Word 2003 将插入一个自动分页符并生成新页。

若要将同一页中的文本分别放置在不同页中,可以通过插入人工分页的方法来实现。操作步骤如下:

(1)将光标移动到需要重新分页的位置。

(2)单击"插入"菜单中的"分隔符"命令,打开"分隔符"对话框,选择"分页符"单选按钮,如图4-31所示。

(3)单击"确定"按钮返回文档。此时若切换到页面视图方式下,则会出现新的一个页面,若切换到普通视图方式下,则会出现一条贯穿页面的虚线。

删除人工分页符的方法与删除分节符的方法相同。

4.5.2 分栏

在编辑报纸、杂志时,经常要对文档进行各种的分栏排版。用 Word 2003 可以很方便地将文档分成二栏或者多栏。分栏与节有关,如果只要对文档中的某一部分内容分栏或将不同部分分成不同栏,首先要进行分节。

利用"格式"菜单中的"分栏"命令或"其他格式"工具栏的"分栏"按钮▦进行分栏操作。

1.利用"格式"菜单创建分栏

操作步骤如下:

(1)选定需要分栏的段落。

(2)单击"格式"菜单的"分栏"命令,打开"分栏"对话框,如图4-32所示。

图4-32 "分栏"对话框

(3)选择分栏的方式、分隔线等。

(4)单击"确定"按钮。

2.平衡栏长

对不满一页的文档进行分栏时，Word 2003 将把文档分成一个不等长的栏，采用以下方法可平衡栏长：将光标插入要平衡的分栏结尾，然后单击"插入"菜单的中的"分隔符"命令，在弹出的对话框中选择"连续"按钮，Word 2003 将插入一个分节符以平衡各栏中的文本。如果要在平衡栏后开始新的一页，可以在连续的分节符后再插入一个人工分页符。

3.取消分栏

操作步骤如下：

(1)选定已分栏的段落。

(2)单击"格式"菜单的"分栏"命令。

(3)在"分栏"对话框中选择"一栏"框。

(4)单击"确定"按钮。

4.5.3 页面设置

页面设置是文档基本排版的操作之一。页面设置工作包括设置页边距、纸张方向、大小、版式、边框效果以及每页行数和每行字符等。

1.设置页边距和纸张方向

页边距是指文档中的文本和打印纸边沿之间的空白量。在文档中的每一页中，都有上、下、左、右 4 个页边距。纸张方向有"纵向"和"横向"。

单击"文件"→"页面设置"菜单命令，在打开的"页面设置"对话框中选择"页边距"选项卡，如图 4—33 所示。

图 4—33 "页面设置"对话框

125

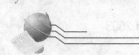
2.选择纸张大小

在默认的状态下,Word 2003 将自动使用 A4 幅面的纸张来显示新的空白文档,默认方向为纵向。用户可以选择不同的纸张大小或自定义纸张的大小。因此用户在进行文档的排版之前,首选应该选择纸张大小及方向等。

操作步骤如下:

(1)单击"文件"菜单的"页面设置"命令,或者双击标尺区域,在打开"页面设置"对话框中选择"纸张"选项卡。

(2)在"纸张大小"下拉列表框中可以选择纸张的纸型,可以在"宽度"和"高度"文本框中看到的纸张尺寸的大小。

(3)如果要设置特殊的纸型,可以在"纸张大小"下拉列表框中选择"自定义大小"选项,然后在"宽度"和"高度"文本框中输入或调整两者的数值。

"宽度"和"高度"的度量单位有:英寸、厘米、毫米、磅等。

4.5.4 设置页眉与页脚

页眉和页脚是由文字或图形组成的,页眉位于页面的顶部,页脚位于每一页的底端。在页眉和页脚中可以填写一些备注信息,如页码、章节标题、日期和作者名称等内容。可以给文档的每一页建立相同的页眉和页脚,也可以在文档中不同的部分使用不同的页眉和页脚。

1.添加页眉页脚

文档设置页眉和页脚的操作步骤如下:

(1)选择"视图"→"页眉和页脚"菜单命令,则在文档的窗口中出现"页眉和页脚"工具栏,并在上页边距内出现页眉,在下页边距内出现页脚,如图 4-34 所示。

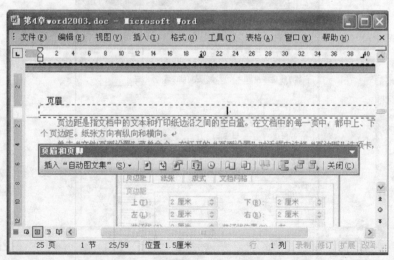

图 4-34 "页眉/页脚"工具栏和页眉设置

（2）利用"页眉和页脚"工具栏上的"页眉和页脚切换"按钮 ，可以很方便地在页眉和页脚间进行切换。

（3）在页眉或页脚的虚框线区域内输入文字或字符（文字也可以进行字体等设置），直接设置页眉或页脚内容。若要输入"页码"、"当前日期"、"当前时间"，则分别按 、 、 按钮。对插入的页码可以进行编辑操作，如在页码数字的两边插入特殊符号等。

（4）利用"格式"工具栏上的对齐按钮可以改变页眉与页脚的对齐方式。若在页眉和页脚中使用制表位，可以迅速将某项置于中部或设置各种对齐方式。

（5）设置完毕后，单击"页眉和页脚"工具栏上的"关闭"按钮，即可返回文档。

2. 首页设置不同的页眉与页脚

设置首页页眉与页脚不同于其他页的方法是：选择"文件"菜单中的"页面设置"命令，在弹出的对话框中选择"版面"选项卡，选中"首页不同"复选框。对首页进行页眉与页脚设置后，其内容与以后的各页不同。

3. 奇偶页设置不同的页眉与页脚

在书籍排版时，由于是双面印刷的，因此常常要求其奇数页和偶数页的页眉与页脚有所不同。在 Word 2003 中其设置方法与首页设置不同的页眉与页脚相似，只不过选择的是"奇偶页不同"复选框。

4.5.5 设置页码

在文档中设置页码的方法如下：

（1）选择"插入"菜单中的"页码"菜单项，打开"页码"对话框，如图4－35所示。

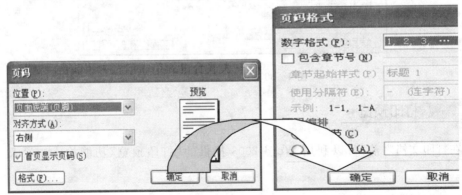

图4－35 "页码"对话框

（2）在对话框中打开"位置"列表框，选择放置页码的位置，通过预览框可以看到设置的效果。

（3）在对齐方式列表中选择页码的对齐方式：左、居中、右、内侧、外侧。

（4）取消"首页显示页码"复选框，第一页不显示页码，页码从第二页开始显示。

（5）单击"格式"按钮，打开"页码格式"对话框，设置页码格式。

（6）单击"确定"按钮，返回文档，在"页面视图"或打印预览中可以看到页码显示。

在设置页眉页脚时，可利用"页眉和页脚"工具栏上的"插入页码"按钮 来插入页码。如果需要修改，则可单击"设置页码格式"按钮 ，在弹出的"页码格式"对话框中设置页码格式。此外单击"插入页数"按钮 可插入该文档的总页数。

如果不需要页码显示，则在显示页码的位置，双击鼠标进入页码编辑状态后将其删除即可。

4.5.6 设置页面边框

在 Word 2003 中添加页面边框的方法与为段落添加边框基本相同，其方法如下：

（1）单击"格式"菜单的"边框和底纹"命令，在弹出的"边框和底纹"对话框中选择"页面边框"选项卡，如图 4－36 所示。

（2）在"页面边框"选项卡中设置各种页面边框，方法与设置段落边框相同。

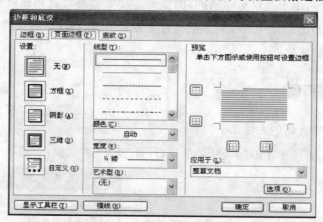

图 4－36 "页面边框"选项卡

4.5.7 打印预览

在打印文档之前，可以利用 Word 2003 提供的"打印预览"功能检查整个文档的外观。

1. 打印预览的进入与退出

在任何视图状态下，单击"常用"工具栏上的"打印预览"按钮 ，或选择"文件"菜单的"打印预览"命令，系统即会进入"打印预览"视图。单击"关闭"按钮 可以退出打印预览视图。

2. 预览大小的控制

在预览状态下,将鼠标移至页面处,鼠标指针呈 状,单击鼠标,页面即以 100%大小显示;此时鼠标指针变为 状,再次单击鼠标,即可以回到原来的显示比例。另外通过工具栏上的比例显示框也可设置显示比例。单击"全屏显示"按钮 ,则可全屏显示文档。

3. 预览页面数量的设置

系统默认预览页数为单页,若需要预览多页,则单击预览视图工具栏中的"多页"按钮 ,弹出"页数"选择框,选择同时显示的页数即可。若要以单页在预览窗口中显示,则单击"单页"按钮 。

4.5.8 打印文档

在 Word 2003 中常用的打印文档的步骤如下:

(1)单击"文件"菜单中的"打印"命令,打开"打印"对话框,如图 4—37 所示。

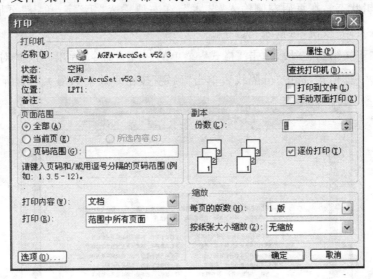

图 4—37 "打印"对话框

(2)在"打印"对话框中可以进行如下设置。

在"页面范围"选项区中选择需要打印文稿的范围,包括"全部"、"当前页"、"选定的内容"和"页码范围"四个可选项。

①"全部"单选钮:如要打印整篇文档,可以选中该复选框。

②"当前页"单选钮:打印光标所在页面。如果选定了文档中的多页,打印所选内容中的第一页。

③"页码范围":打印在"页码范围"文本框中输入的页和节等。可以打印指定页、一

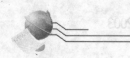
个或多个节,或多个节的若干页,具体的设置方法如下:

非连续页:输入页码,用逗号隔开,对于某个范围的连续页码,可以输入该范围的起始页码和终止页码,并以连字符相连。如输入"1,5-7,9"表示要打印第1、5、6、7、9页。

④在"副本"框中设置打印的文稿的数量。

(3)接通打印机后,单击"确定"按钮,即可开始打印作业。

【例7】 打开文档 WL2.doc,按要求设置文档页面格式:

(1)设置纸张大小为16开,页边距为上下各4 cm,左右各3cm,页眉、页脚3厘米。

(2)设置页眉和页脚,在页眉左侧录入文本"艺术",右侧插入"第1页"。

(3)按样文,将正文第二、三段设置成两栏格式,加分隔线。

操作步骤如下:

(1)单击"文件"菜单 的"页面设置"命令,弹出"页面设置"对话框,单击"纸张"标签,在"纸张大小"下拉列表中选择"16开";单击"页边距"标签,在"页边距"中设置上下、左右边距;单击"版式"标签,在"页眉和页脚"中设置。

(2)单击"视图"菜单的"页眉和页脚"命令,弹出"页眉和页脚"工具栏,并进入页眉和页脚的编辑状态。在页眉左侧输入"艺术",在右侧输入"第"字,单击"页眉和页脚"工具栏的"插入页码"按钮,再输入"页"字。

(3)选中正文第二、三段,单击"格式"菜单的"分栏"命令,弹出"分栏"对话框,在"预设"中选中"两栏"格式,选中"分隔线",单击"确定"按钮。效果如图4-38所示。

图4-38 WL2效果

4.6　使用编辑工具

4.6.1 文档的显示方式

Word 2003 提供了 7 种视图方式,分别是:普通视图、Web 版式视图、页面视图、阅读版式视图、大纲视图、全屏显示、网页预览及打印预览。用户可以根据需要在各种视图之间进行切换。切换方法是:选择"视图"菜单中的视图子命令或单击屏幕左下角的各个视图切换按钮,如图 4—39 所示。

1.普通视图

普通视图常用于文档的编辑和格式化的初期操作,分页标记为一条细线,隐藏了页面边缘、页眉、页脚、文字包装对象、浮动的图形及背景。

图 4—39　视图按钮

2.Web 版式视图

在此视图下,可以显示文档在浏览器下的显示效果。

3.页面视图

在此视图下,能精确地显示文本、图形及其他元素的打印效果,可以对文字进行输入、编辑和排版等操作,也可以处理图形、页眉、页脚等信息。

4.阅读版式视图

它是为了便于文档的阅读和评论。在阅读版式下将显示语言档的背景、页边距,并可进行文本的输入、编辑等操作,但不显示文档的页眉和页脚。在阅读版式视图中,文档可以在两个并排的屏幕中显示,就像一本打开的书。这些屏幕根据显示屏的大小自动调节到最容易辨认的情形。

与阅读版式视图相应的还有两种特殊的工具栏按钮:文档结构图和缩略图。

5.大纲视图

大纲视图显示模式就像写文章的提纲一样,为建立或修改文档的大纲提供便利。这种视图特别适合写文章时先写提纲再写内容的方式。

6.全屏显示

单击"视图"下拉菜单中的"全屏显示"命令,会隐藏所有的屏幕元素,如标题栏、菜单栏、常用工具栏、格式工具栏、标尺等,大大扩大了编辑区。

单击"全屏显示"工具栏中的"关闭全屏显示"按钮,即可返回原来的视图。

7.网页浏览

网页预览借助 IE 浏览器显示文档,向你展示用网页浏览器进行联机查看时语言档的外观。在此视图中不能对文档进行编辑,它只是查看文档的最终外观效果的一种方式。

8.打印预览

正式打印前,可以利用打印预览功能了解打印效果。要切换到打印预览方式,可以单击常用工具栏中的"打印预览"按钮或选择"文件"下拉菜单中的"打印预览"命令。

4.6.2 样式

在一篇文档中,为了确保格式的一致,可能将某种格式重复用于文档的其他部分,如章节标题采用黑体、三号、居中、段前间距 1 行、段后间距 0.5 行,为了避免每次输入章节标题时都重复设置,可以设置一些格式组合,并加以命名,以后可以直接用它来对所选文本进行格式设置。对节标题、正文、图例等都可以如此设置。Word 2003 对这种特定的格式编排组合称为样式。系统提供了一些样式,可以直接使用,此外,还可以根据需要自己定义样式。

1.查看样式

Word 2003 提供了许多样式,如标题样式、正文样式、页码样式、页眉样式等。要查看这些样式设置,选择"格式"菜单中的"样式和格式"命令,打开"样式和格式"窗格,如图 4—40 所示,在窗格中可以查看到许多样式名,在"样式"列表框中列出的是所有样式名,在"段落预览"和"字符预览"框中显示的是选中文本的样式预览,在"说明"栏中显示出当前样式所定义的所有格式。

2.创建样式

如果样式组中缺少需要的样式,用户也可以创建。创建样式的方法如下:

(1)在"样式和格式"窗格中单击"新样式"按钮,打开"新建样式"对话框,如图 4—40所示。

(2)在"名称"文本框中输入新样式名,在"样式类型"下拉列表框中选择段落或字符类型;在"基准样式"下拉列表框中选择新样式的基准。

(3)单击"格式"按钮为新样式设置字符、段落等格式,单击"快捷键"按钮为新样式设置快捷键;选择是否"添至模板"、"自动更新"等复选框后,单击"确定"按钮返回"样式"对话框。

(4)单击"应用"按钮,新定义的样式名即出现在当前的样式组中。

3.应用样式

应用样式格式化文档是设置文档格式快捷的方法,在文档中应用样式的方法如下:

(1)选定需要设置样式的文本,单击"样式和格式"窗格中的"请选择要应用的格式"框的下拉列表按钮,在打开的样式列表中选择所需要的样式,如图 4-41 所示。

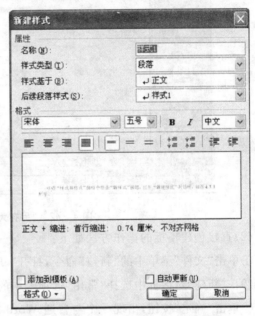

图 4-40 "样式和格式"窗格　　　　图 4-41 "新建样式"对话框

(2)如果在样式列表没有列出所需要的样式,则打开"样式"对话框,在样式"列表"中选择"所有样式"项,在"样式"栏中选择需添加的样式名,按"应用"按钮即可。

4.6.3 模板

模板是包括正文格式、图形以及文档类型的排版信息的文档(扩展名为.dot)。在 Word 2003 中系统默认的模板是 Normal.dot,此外还提供了备忘录、信件、报告等模板。

1.创建模板

在 Word 2003 中模板既可以直接创建也可以通过修改原来的模板而获得。

(1)利用原有模板或文档建立新模板的方法如下:

①将需要修改的模板或文档打开。

②在打开的模板或文档中设置所需要的样式和格式。

③选择"文件"菜单中的"另存为"命令,打开"另存为"对话框,如图4-42所示。

④在"另存为"对话框中,输入文件名,单击"保存类型"下拉列表框按钮,在弹出的下拉菜单中选择"文档模板",此时系统会自动将保存位置设定在"Templates"中。

⑤单击"保存"按钮,即建立了新的模板。

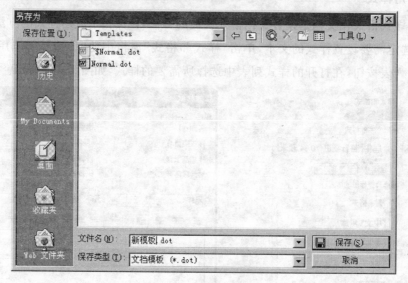

图4-42 "另存为"对话框

(2)直接创建模板的操作方法如下:

①单击"文件"菜单中的"新建"命令,打开"新建"对话框。

②在"新建"对话框中选择"常用"选项卡中的"空文档",然后选择"模板"。

③单击"确定"按钮,出现一个与普通 Word 2003 文档完全相同的窗口,只不过其名称为"模板 1"。

④在模板中设置样式,正文格式等内容。

⑤设置完成后,单击"保存"按钮 ■ 或选择"文件"菜单中的"保存"命令,打开"另存为"对话框。

⑥在"另存为"对话框中,一般将其保存位置设置在"C:\WINDOWS\Application Data\Microsoft\Templates"文件夹中,同时在"文件名"框中输入模板的名称,如"新模板"。

⑦单击"保存"按钮后即完成了模板的创建操作。

2.使用模板

在 Word 2003 中,双击某一模板即可使用该模板。若通用模板中建立文档后,需要套用其他模板,则可按如下方法进行:

(1)选择"工具"菜单中的"模板和加载项"命令,打开如图4-43所示的"模板和加载项"对话框。

（2）在对话框中单击"选用"按钮，将会打开如图 4－44 所示的"选用模板"对话框。

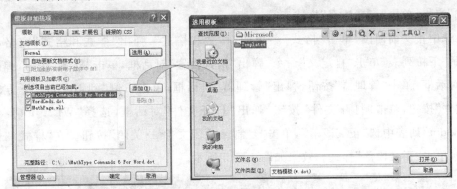

图 4－43 "模板和加载项"对话框　　　图 4－44 "选用模板"对话框

（3）在"Templates"文件夹中选择系统提供的或者其他模板，单击"打开"按钮返回"模板和加载项"对话框。

（4）在"模板和加载项"对话框中，选中"自动更新文档样式"复选框，则可以使用新加载模板中的样式。

（5）最后单击"确定"按钮，即在当前文档中应用了所选用的模板。

【例 8】　打开 WL3.doc 文档，按如下要求操作：

（1）新建样式：以正文为基准样式，新建"段落格式"样式，字体为"楷体"，字号为"小四"，行间距固定值"15"磅，段前、段后间距各为"0.5"行，并用在正文第 6、7、8 段。

（2）样式修改：按样文，以正文为基准样式，将"重点正文"样式修改为：字体为华文新魏，字号为小四，字形加粗，自动更新对当前样式的改动，并应用于正文第 5 段。

（3）样式应用。

①按样文，将文档中第 1 行样式设置为"文章标题"，第 2 行设置为"标题注释"。

②将正文的前四段套用 WL\WL3.dot 模板中的"正文段落"样式。

操作步骤如下：

（1）单击"格式"菜单的"样式和格式"命令，弹出"样式和格式"窗格，单击"新样式"按钮，弹出"新建样式"对话框，在"名称"输入文本框中输入：段落格式；样式类型：段落；格式：楷体，小四；单击"格式"按钮，单击"段落"命令，弹出"段落"对话框，设置行间距为：固定值 15 磅，段前、段后间距为：0.5 行，单击"确定"按钮，再单击"确定"按钮。选中正文第 6、7、8 段，在"样式和格式"窗格中单击"段落样式"。

（2）单击"格式"菜单的"样式和格式"命令，弹出"样式和格式"窗格，选中"重点正文"，右击，选择"修改"命令，设置字体为：华文新魏，字号为：小四，字形为：加粗；选中"自动更新"选项，单击"确定"按钮。选中正文第 5 段，在"样式和格式"窗格中单击"重点段落"样式。

（3）选中第一行，单击"格式"菜单的"样式和格式"的命令，弹出"样式和格式"窗格，

单击"文章标题"样式;选中第二行,单击"格式"菜单的"样式和格式"命令,弹出"样式和格式"窗格,单击"标题注释"样式。

选中正文前四段,单击"格式"菜单的"样式和格式",弹出"样式和格式"窗格,单击"显示"下拉列表,单击"自定义"命令,弹出"格式设置"对话框,单击"样式"按钮,弹出"样式"对话框,单击"管理器"按钮,弹出"管理器"对话框,单击右侧"到 Normal"下方的"关闭文件"按钮,单击"打开文件"按钮,弹出"打开文件"对话框,选择"WL3.dot",在"到WL3.dot"列表中选"正文段落",单击"复制→关闭文件→关闭"按钮。在"样式和格式"窗格,单击"正文段落"样式。效果如图 4-45 所示。

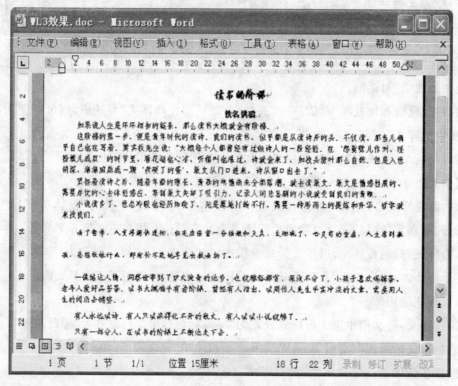

图 4-45　WL3 效果

4.7　表格操作

对表格的操作主要集中在"表格"菜单及表格快捷菜单中。

4.7.1 创建表格

在 Word 2003 中创建表格的方法主要有以下三种：

1.工具栏按钮方法

(1)将插入点定位到需要插入表格的位置。

(2)单击常用工具栏上的"插入表格"按钮，出现如图 4－46 所示的表格框。

(3)拖动鼠标可以选取所需要的行列数，然后松开鼠标。

若需要行列数较多，可以在框内按住鼠标左键不放进行拖动，直到所需的行列数。这种方法最多可创建 18 行 12 列的表格。

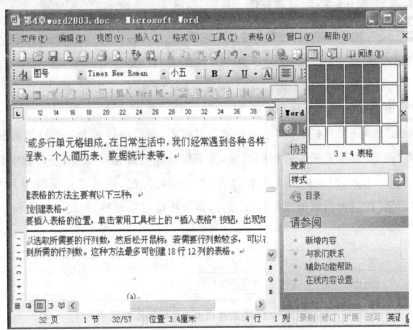

图 4－46　"插入表格"按钮

2.菜单方法

单击"表格"菜单中的"插入表格"项，如图 4－47 所示。选择所需的行数和列数后，点击"确定"按钮即可创建表格。

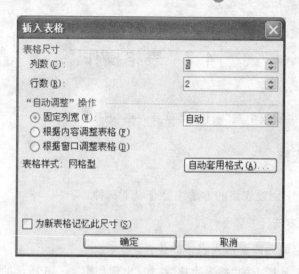

图4-47 "插入表格"对话框

3.创建自由表格

为了创建自由表格,应先在窗口中加载"表格和边框"工具栏,单击"常用"工具栏中的"表格和边框"按钮 ,即可加载该工具栏,如图4-48所示。

图4-48 "表格和边框"工具栏

创建自由表格的操作方法如下:

(1)单击"表格"工具栏上的"绘制表格"按钮 ,鼠标指针变为一根铅笔的形状 。

(2)将"铅笔"移至需插入表格的位置,按下鼠标左键并拖动鼠标,便可在窗口内画出一个表格框 ,当表格框大小合适后,放开鼠标左键,便可以在窗口中画出一空表框,再用"铅笔"在空表内画横线即可添加行,画竖线即可添加列,如图4-49所示。

图4-49 在表格内再画表格横线示例

(3)若想删除某一条线,则单击"表格和边框"工具栏中的"橡皮擦"按钮 ,此时鼠标指针变为 状,拖动橡皮擦经过要删除的线即可将其清除。

(4)表格创建完毕后,单击其中的单元格,可以输入文字或插入图形,也可以在单元格内插入表格,实现表中表(即表格的嵌套)。

4．绘制斜线表头

绘制表头，可以使用后面讲到的绘图功能绘制表头，也可以使用 Word 2003 提供的"绘制斜线表头"功能快速生成斜线表头。如在表格左上角的第一个单元格内画斜线，操作方法如下：

（1）将光标定位在表格的任意单元格内，选择"表格"菜单中的"绘制斜线表头"命令，打开"插入斜线表头"对话框，如图 4—50 所示。

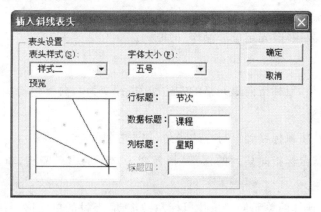

图 4—50　"插入斜线表头"对话框

（2）在"表头样式"下拉列表中选择表头样式，预览框内预览所选样式。

（3）在"字体大小"对话框中选择表头中字体大小；一般比正常文字小 2 至 3 号。

（4）输入各标题名称，如节次、课程、星期。

（5）单击"确定"按钮，关闭对话框，所设表头出现在插入点所在的表格内。

【例 9】　制作一个如图 4—51 所示带有斜线表头的 7 行×5 列的表格。

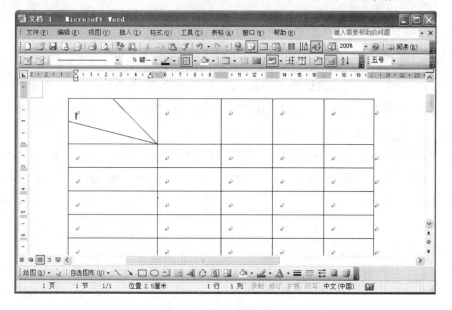

图 4—51　绘制表格

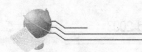

操作步骤如下：

(1)执行菜单命令"表格"→"插入"→"表格",在弹出的"插入表格"对话框中,在列数中输入:5,行数:7,单击"确定"按钮。

(2)执行菜单命令"表格"→"绘制斜线表头",在弹出的"插入斜线表头"对话框中,单击"表头样式"下拉列表,选中"样式二"单击"确定"按钮。

4.7.2 修改表格

表格操作前,要遵守"先定位后操作"的原则。

1.定位

(1)选取单元格,鼠标指向单元格的左边线,指针变为右向黑色箭头 ↗ ,单击鼠标选中当前一个单元格。

(2)选中一行,将鼠标移到该行左边缘处,单击左键。

(3)选中一列,鼠标指向某列的顶部,指针变为向下的黑色箭头,单击鼠标即可选中该列。

(4)选中多个连续的单元格。按住鼠标左键拖动,经过的单元格、行、列,直至整个表格都可以被选中。

(5)选定整个表格。其操作方法如下:

①将插入点定位到表格内的任意单元格内,单击"表格"菜单中的"选定"菜单,选择级联菜单中的"表格"命令。

②当鼠标移过表格时,表格左上角会出现"表格移动控点",单击该控点可选定整个表格。

③用选定单元格、行、列的方法,也可以选中整个表格。

2.插入行、列、单元格

(1)菜单方法。将光标定位到需要插入行或列的位置,单击"表格"菜单中的"插入"命令,在级联菜单中选择插入行或列的位置(在上方、在下方、在左侧、在右侧),即可在指定位置插入行、列或单元格。如图4-52所示。

(2)在表尾快速插入行。将插入点定位到表格的最后一个单元格内,单击"Tab"键即可在表尾插入一空行;或将插入点定位在表格最后一个单元格外,键入"Enter"键也可以在表尾插入一个空行。

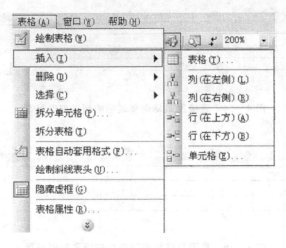

图 4-52 插入行、列、单元格

3. 删除行、列、表格

选中要删除的行、列或整个表格,打开"表格"下拉菜单,选择"删除"级联菜单中的相应命令即可;也可以使用右击鼠标,在弹出的快捷菜单中选择"删除"或"剪切"命令,完成相同的操作。

4. 改变列宽和行高

(1)拖拉标尺方法。将光标移到标尺所选列相应位置,当光标变为双向箭头时,拖拉四方块标尺,如图 4-53 所示。

图 4-53 拖拉标尺调整列宽

(2)拖拉格线方法。当鼠标移过单元格的右边线时,指针变为带有水平箭头的双竖线状,如图 4-54 所示,单击鼠标并左右拖动,会减小或增加列宽,并且同时调整相邻列的宽度;若先按下"Shift"键,再单击鼠标左右拖动,也会减小或增加列宽,但只会影响整个表格的宽度,对相邻单元格的宽度无影响。当鼠标移过单元格的下边线时,指针变为带有上下箭头的双横线状,如图 4-55 所示,单击鼠标并左右拖动,会减小或增加行高,对相邻行无影响。

(3)使用"表格属性"对话框调整。表格宽度、表格中各行的行高、各列的列宽、单元格的边距、表格的边框和底纹等有关表格的属性调整均可以通过"表格属性"对话框实现。打开"表格属性"对话框,将插入点定位到表格内的任意位置,选择"表格"菜单中的

图 4-54　直接用鼠标调整表格的列宽度时屏幕

图 4-55　直接用鼠标调整表格的行高度时屏幕

"表格属性"命令,或选择右击鼠标后快捷菜单中的"表格属性"命令,打开"表格属性"对话框,如图 4-56 所示。

（a）

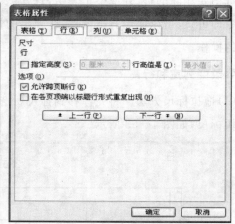

（b）

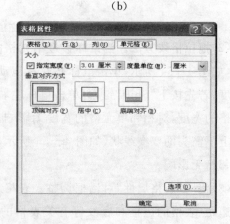

（c）　　　　　　　　　　　　　　　（d）

图 4-56　"表格属性"对话框

对话框中有 4 个选项卡:"表格"、"行"、"列"、"单元格"。

1)"表格"选项卡的使用。"表格"选项卡如图 4-56(a)所示。

①选中"指定宽度"复选框,可以输入或选择表格的宽度,单击"单位"下拉列表,可将表格宽度的度量单位更改为页面宽度的百分比。

②在"对齐方式"栏内可以选择表格在页面上的对齐方式(左对齐、居中、右对齐)。

③表格和文字的环绕:默认情况下,表格和文字无环绕,单击"环绕方式"栏内的"环绕"按钮,可以实现表格和文字的混排,单击"定位"按钮,从弹出的对话框可以调整表格与文字的距离。

2)"行"选项卡的使用。"行"选项卡如图 4-56(b)所示。

①"行高"栏内显示当前行的行高,单击"上一行"、"下一行"按钮,可以对各行分别设定。

②对于大的表格,可以选中"允许跨页断行"复选框,允许表格行中的文字跨页显示。

3)"列"选项卡的使用。"列"选项卡如图 4-56(c)所示。

选中"指定宽度"复选框,在右侧文本框内输入列宽,单击"前一列"、"后一列"按钮,可以分别设定各列列宽。

4)"单元格"选项卡的使用。"单元格"选项卡如图 4-56(d)所示。

①与"列"选项卡配合,指定单元格的宽度、文本在单元格中的垂直对齐方式。单击"选项"按钮,还可以指定单元格的边距。

②参数设置完毕后,单击"确定"按钮,关闭对话框。

5. 单元格的合并与拆分

不规则的表格,可以通过表格生成:将多个连续的单元格合并成一个大的单元格,即单元格的合并;将大的单元格分成若干个小的单元格,即单元格的拆分。

(1)单元格的合并。选定需要合并的若干单元格,选择快捷菜单中的"合并单元格"命令,或选择"表格"菜单中的"合并单元格"命令,或是单击"表格和边框"工具栏中的"合并单元格"按钮 ,即可将选定的单元格合并为一个单元格。

(2)单元格的拆分。选定需要拆分的单元格,选择快捷菜单中的"拆分单元格"命令,或选择"表格"菜单中的"拆分单元格"命令,或单击"表格和边框"工具栏中的"拆分单元格"按钮 ,打开如图 4-57 所示的"拆分单元格"对话框,输入或选择拆分后形成的行、列数,单击"确定"按钮。

4.7.3 表格内容的输入和格式设置

1. 表格内容的输入

每个单元格的内容都可以看做是一个独立的文本,单击需要输入内容的单元格,输入文本,输入方法和一般文本的输入方法相同。

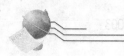

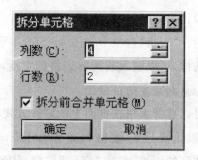

图 4-57 "拆分单元格"对话框

若需要修改某单元格的内容,只需单击该单元格,或用键盘上的移动光标键,都可以将插入点移动到该单元格内,用前面介绍的文本编辑方法可以修改单元格的内容。

2.表格格式设置

Word 2003 中的表格可以像文本和段落一样进行各种格式化设置,其操作方法和文档中的基本相同:先选定内容,再进行设置。本节主要介绍一些不同于文本修饰的方法。

(1)表格中文字对齐方式的设置。表格中文字对齐方式有水平对齐与垂直对齐两种。

水平对齐与文档中文字的对齐方法相同,即选定需要设置对齐方式的单元格区域、行或列后,单击"格式"工具栏上的"左对齐"、"右对齐"、"居中"或"分散对齐"按钮。

在表格中,文字的对齐方式不仅有水平方向,而且还有垂直方向,即文字在表格中的上下位置。设置表格中文本的垂直对齐方式的方法如下:

①选择需要设置垂直对齐方式的行、列、单元格或整个表。

②利用"表格和边框"工具栏上的"对齐方式"按钮，打开"对齐方式"列表框,如图 4-58 所示;或是在选定区域上右击鼠标,在弹出的快捷菜单中选择"单元格对齐方式"命令,然后在子菜单中选择垂直对齐方式。

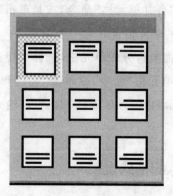

图 4-58 单元格对齐方式

(2)单元格的边框和底纹设置。在 Word 2003 的表格中,其边框系统默认为 0.5 磅的单行实线,为了充分体现表格的立体感,可以对表格的边框和底纹进行各种修饰。设置表格边框和底纹的操作步骤如下：

①在表格中选定需要修饰的区域。

②在"格式"菜单中选择"边框和底纹"命令或是在表格选定区域位置，右击鼠标，在弹出的快捷菜单中选择"边框和底纹"命令，打开"边框和底纹"对话框，如图 4-59 所示。

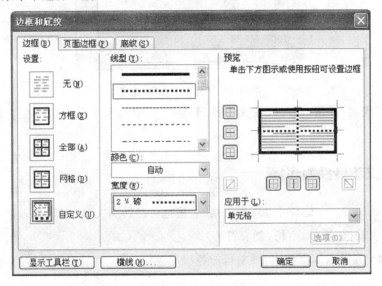

图 4-59　"边框和底纹"对话框

③在对话框中的"边框"、"底纹"选项卡中设置有关参数。

④单击"确定"按钮完成对表格边框和底纹的设置。

另外，边框和底纹的设置，还可以利用如图 4-60 所示的"表格和边框"工具栏上的相关按钮，操作起来更加便利。

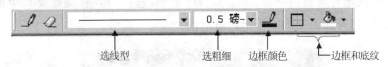

图 4-60　利用"表格和边框"工具栏设置边框和底纹

（3）改变文字方向。在表格中输入文字时，有时需要改变文字的排列方向。

若要将文字变成纵向排列，则最简单的方法是将表格的宽度调整至一个汉字宽度，然后再输汉字（这时因宽度限制，文字会自动换行），最后将这些文字居中。

Word 2003 提供了多种文字排列方向。改变文字排列方向的方法如下：

1）单击需要改变文字排列方向的单元格。

2）采用以下任一种方式都能打开如图 4-61 所示的"文字方向"对话框：

①在"格式"菜单中单击"文字方向"命令。

②在选定的单元格处右击鼠标，然后在弹出的快捷菜单中选择"文字方向"命令。

3）在"文字方向"对话框中选择文字排列的方向。

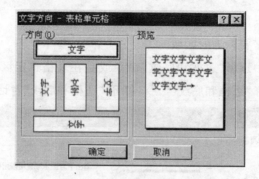

图 4-61 "文字方向"对话框

4)单击"确定"按钮,即可改变文字排列方向,其中的汉字标点符号也会改成竖写标点符号。

4.7.4 文本转换为表格

在 Word 2003 中,文本可以转为表格,表格也可以转为文本,但转为表格的文本必须含有一种制表符(如逗号、空格、制表符等)。

【例 10】 先输入以下文本,同一行的各项用空格分隔,然后将文本转换为表格。

姓名	语文	数学	英语	政治
张三	70	80	69	75
李四	85	84	69	72
王五	90	79	86	86
陈六	88	90	78	95

转换方法:选定待转换的文本,单击"表格"菜单,选择"转换"级联菜单中的"文字转换成表格"命令,打开如图 4-62 所示的对话框。

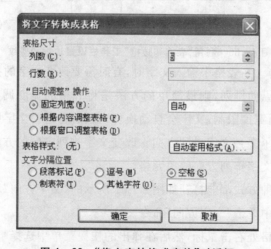

图 4-62 "将文字转换成表格"对话框

根据所选择的内容,系统自动指定列数,用户也可以指定列数,在"固定列宽"数值框内输入列宽(每列有相同的列宽);也可以选择"根据内容调整表格"单选按钮;在"文字分隔位置"单击"制表符"单选按钮,单击"确定"按钮,即可将上述文本转换成表格,如表 4-1 所示的转换样例。

表 4-1 文本转换为表格

姓名	语文	数学	英语	政治
张三	70	80	69	75
李四	85	84	69	72
王五	90	79	86	86
陈六	88	90	78	95

4.7.5 表格自动套用格式

当表格建立完后,可以利用"表格自动套用格式"对表格进行修饰。此命令中预定义了许多表格的格式、字体、边框、底纹和颜色供用户选择,使得对表格的排版变得轻松、容易。具体操作如下:

(1)将插入点移到要排版的表格内。

(2)单击"表格"菜单中的"表格自动套用格式"命令,打开"表格自动套用格式"对话框,如图 4-63 所示。

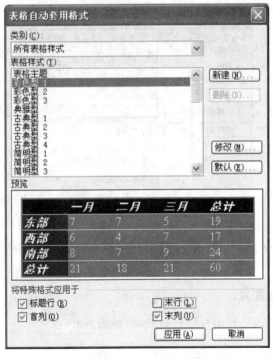

图 4-63 "表格自动套用格式"对话框

(3)在"格式"列表框内选定一种格式,可以在"预览"框中查看排版效果,满意后,按"确定"即可,如图4-64所示。

姓名	语文	数学	英语	政治
张三	70	80	69	75
李四	85	84	69	72
王五	90	79	86	86
陈六	88	90	78	95

图4-64 "表格自动套用格式"后的表格

(4)单击"要应用的格式"选项组中相应的复选框,可以取消或应用表格格式中的设置项。

4.8 使用图形对象

4.8.1 插入图片

Word 2003提供了一个剪辑库,内含大量的图片,称为剪贴画,可以在文档中直接使用,也可以在文档中插入由其他绘图软件制作的图片。插入图片使用"插入"菜单中的"图片"命令,如图4-65所示。

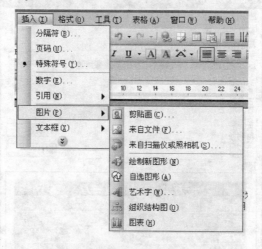

图4-65 插入图片菜单命令

1.插入剪贴画(或图片)

单击菜单命令"插入"→"图片"→"剪贴画(或图片)"

2.图片格式设置

(1)调整图片位置和尺寸。已插入到文档中的图片,可以根据排版的需要改变图片的位置和大小。

1)文档的层次。Word 2003 将文档分为 3 层:文本层、文本上层、文本下层。文本层,即通常的工作层,同一位置只能有一个文字或对象,利用文本上下层可以实现图片和文本的层叠。

2)图片在文档中的层次位置。按照文档的层次,图片的层次位置则有 3 种选择:

①嵌入型。此时图片处于"文本层",作为一个字符出现在文档中,其周边控制点为"实心"小方块。用户可以像处理普通文字那样处理此图片。

②浮于文字上方。此时图片处于"文本上层",单击图片后,其周边控制点为"空心"小方块。此方式下可以实现文字和图形的环绕排列,利用这一特性,可以为图片、段落添加注解。

③衬于文字下方。此时图片处于"文字下层",可实现水印的效果。

3)使用"设置图片格式"对话框改变图片的位置和文字环绕方式。在 Word 2003 文档中插入图片后,图片处于文档层,即嵌入型。为能方便地移动图片和实现文字和图片的环绕排列,为图片添加注解,可以利用"设置图片格式"改变图片的层次位置和文字环绕方式。具体操作如下:

①打开"设置图片格式"对话框。

先选中图片,单击"图片"工具栏中的"设置图片格式"按钮;或者点击鼠标右键选中图片,在图片上选择快捷菜单中的"设置图片格式"命令;或者双击图片。

②单击"版式"选项卡,如图 4—66(a)所示。在"环绕方式"栏内选择图片的环绕方式,在"水平对齐方式"栏内选择图片在页面上的水平位置。

(a)

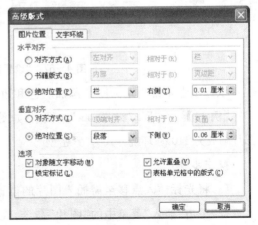

(b)

图 4—66　"设置图片格式"对话框

③单击"高级"按钮,打开如图4—66(b)对话框,可以对图片位置、文字环绕作进一步设置。

注意:设置图片位置时,一定要先设置基准点(段落、页面、页边距等),再设置度量值。否则会出现图片位置失控状态。

4)使用"设置图片格式"对话框改变图片的大小。可以通过拖动图片四周的控制点来实现图片大小的改变。如果要精确地控制图片的大小,可以利用"设置图片格式"对话框。

在"设置图片格式"对话框中,单击"大小"选项卡,如图4—67(a)所示。

①"锁定纵横比"。选中此复选框,可以使高度与宽度之间保持原有的比例关系。调整高度时,宽度也随着改变,反之亦然。在没有选中"锁定纵横比"复选时,可以分别设置"高度"、"宽度"、高度缩放比例、宽度缩放比例。

②"相对于图片的原始尺寸"。选中此复选框,以图片的"原始尺寸"为依据计算缩放比例。

5)使用"设置图片格式"对话框改变图片的颜色和线条。单击"颜色和线条"选项卡,如图4—67(b)所示,可以设置图片的边框和填充色。

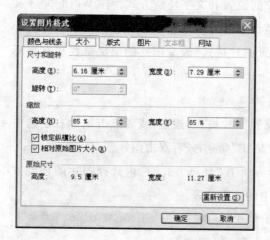

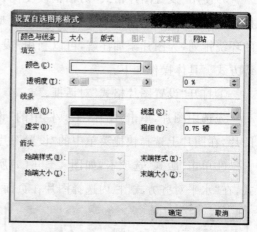

(a)   (b)

图4—67 "设置图片格式"对话框

该选项卡常常用来为图片添加底色和边框。

【例11】 在"WL2效果.doc"文档中,如图4—68所示位置插入图片:"WL\百合花.jpg"图片缩放为110%;环绕方式为"紧密型"。

操作步骤:

(1)将光标插入点移至需插入图片的位置。

(2)单击"插入"菜单中的"图片"命令,在级联菜单中选中"来自文件"菜单,打开"插入图片"窗口,如图4—69所示。

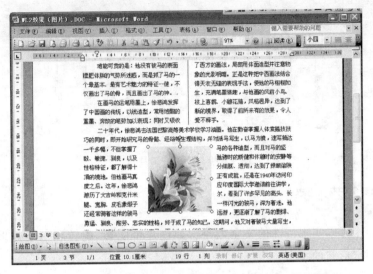

图 4-68 插入图片后的文本

图 4-69 "插入图片"窗口

（3）单击"查找范围"下拉列表，选择 WL 文件夹，选中"百合花.jpg"，单击"插入"按钮。

（4）右击图片，单击"设置图片格式"，弹出"设置图片格式"对话框，单击"大小"标签，在"缩放"中设置为：110%；单击"版式"标签，选择"紧密型"，单击"确定"按钮。

3.使用"图片"工具栏

Word 2003 提供了"图片"工具栏，如图 4-70 所示。单击"视图"菜单中的"工具栏"菜单，选择级联菜单中的"图片"命令，可以显示"图片"工具栏。使用此工具栏可以对彩色图片进行灰度、黑白、水印等形式的转换，可以调整对比度和亮度，可以进行裁剪和缩放，也可以添加各种样式的边框。

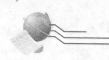

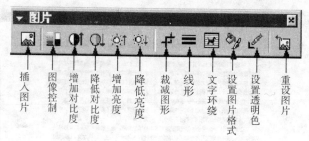

插入图片 图像控制 增加对比度 降低对比度 增加亮度 降低亮度 裁减图形 线形 文字环绕 设置图片格式 设置透明色 重设图片

图4－70 "图片"工具栏

4.8.2 插入艺术字

Word 2003可以实现特殊的文字效果。如创建带阴影、旋转和三维效果的文字,还可以创建有预定形状的文字。

注意:插入的艺术字属于图片,因此,对图片的所有操作均适用于艺术字。

插入艺术字的操作步骤如下:

(1)单击"插入"菜单,在"图片"命令中选择"艺术字"选项,弹出"艺术字库"对话框,如图4－71所示。

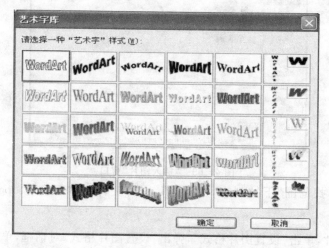

图4－71 "艺术字库"对话框

(2)选中所要设计的"艺术字"样式,单击"确定"按钮,弹出"编辑'艺术字'文字"对话框,如图4－72所示。

(3)输入要设计的文字内容,单击确定即可。

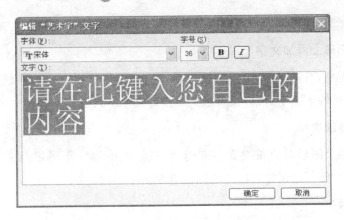

图 4-72　"编辑'艺术字'文字"对话框

4.8.3 绘制图形

有时在 Word 2003 文档中要插入一些自己绘制的图形,如对已有的图形加上标注或添加一些特殊的方框,并在方框中加以注解等,可以通过如图 4-73 所示的"绘图"工具栏来完成。

图 4-73　"绘图"工具栏

1. 图形的创建

工具栏中的"直线"、"箭头"、"矩形"和"椭圆"按钮可以用来直接绘制简单的直线、箭头、矩形和椭圆等图形。要绘制图形时,单击绘图工具栏上的按钮,鼠标指针变为十字状时,单击鼠标拖动,即可绘出所需图形。

提示:单击"矩形"按钮,按住"Shift"键,再按下鼠标左键并拖动可绘制正方形;单击"椭圆"按钮,按住"Shift"键,按下鼠标左键并拖动可绘制正圆;单击"直线"按钮,按住"Shift"键,按下鼠标左键拖动,可画出角度是 15 度倍数的直线。

Word 2003 提供了六大类自选图形。单击"绘图工具栏"上的"自选图形"按钮,可以打开 Word 2003 提供的各类自选图形的列表,移动鼠标可以选定需要的一类并打开相应的级联菜单,单击其中的图形,将十字形鼠标指针移到要绘制图形的位置,拖动鼠标即可绘制选定的图形。

许多自选图形具有形状调整控制点(黄色的小菱形),拖动此控制点可以改变图形的形状。

画好图形后可以对该图形进行各种修饰,如选不同"线型"按钮▤(虚线线型、箭头样式▨)、"线条颜色"按钮▤、选定"字体颜色"按钮▨ ▾、图形"填充颜色"按钮▲ ▾、图形"阴影"按钮▨ ▾和"三维效果"按钮▨等。增加修饰的方法是:选定图形,单击某种修饰按钮,从对弹出的可选框中选择所需要的样式即可。

2.在自制图形上添加文字

选定图形对象,右击鼠标,弹出快捷菜单,选择"添加文字"命令,系统自动添加文本框,在文本框内可输入文字,可以按普通文本进行文字格式设置。

3.图形的叠放次序

当两个或多个图形对象重叠在一起时,最近绘制的那一个图形总是覆盖其他的图形,利用"绘图"按钮可以调整各图形之间的叠放次序。

4.图形的对齐

(1)选中对象。进行对象的对齐、组合以前,应先选中对象。选中多个对象有两种方法:

①按住"Shift"键不放,依次单击各个对象。

②单击"绘图"工具栏上的"选择对象"按钮，鼠标变为箭头状,在需要选定的对象上拖动鼠标可以选择一个或多个对象。当对象处于文字下方时,只能用此方法选定。

(2)对齐对象。选定需要对齐的对象,单击"绘图"工具栏上的"绘图"按钮,打开绘图菜单。在"对齐或分布"级联菜单中选择相应的命令,可以实现相应的对齐方式。

5.多个图形的组合

复杂的图形,往往有多个图形对象组合(如 Word 2003 提供的剪贴画,实际上是由多个图形对象组成的)。当各个对象的格式设置完成后,可以用组合命令组成一个整体,进行图文混排。

组合操作:选定需要组合的对象,打开"绘图"菜单,选择"组合"命令;或选择快捷菜单中的"组合"命令。

组合后的对象不能再对其中的某部分单独操作,但是,单击其中的文字区域,可以编辑和设置文字格式。若需要进行单独操作,必须先执行"取消组合"命令。

取消组合操作:选定需要分解的对象,选择"绘图"菜单中"取消组合"命令;或打开快捷菜单选择"组合"级联菜单中的"取消组合"命令。取消组合对象后,可以对其中的某部分单独进行操作。

【例12】 如图 4—74 所示,在文档中插入两个心形图形,并组合为一个图形。

图4-74　组合后的心形图

操作步骤如下：

(1)单击"绘图"工具栏的"自选图形"→"基本图形"，选中心形，在弹出的"绘图方框"处单击，可绘制心形，调整节点可改变心形的位置和大小。

(2)重复第(1)步操作，调整心形的大小和位置。

(3)单击其中一个心形，按住"Shift"键，再单击另一个心形，在心形处右击，选择"组合"→"组合"命令。

4.8.4 使用文本框

1.插入文本框

在文档中插入文本框，然后在文本框中放入图形或文字，可以很方便地在文档中进行图文混排，尤其是要在图片上添加文字时，更是有利工具。插入文本框的步骤如下：

(1)单击"绘图"工具栏中的"文本框"按钮▤或"竖排文本框"按钮▥。

(2)当将鼠标移到文本中时，鼠标指针变成十字形，按住鼠标左键，拖动十字指针可画出矩形框，当大小合适后放开左键。此时，插入点在文本框中。可以插入文本或插入图片。此外，也可以单击"插入"菜单中的"文本框"命令来绘制文本框。

可以用对文字格式设置的方法对文本框中的文字进行格式设置。

2.调整文本框大小、位置和环绕方式

因为文本框实质上是一个特殊的图片，所以对于文本框的大小、位置和环绕方式等的设置与图片的操作基本一致。

(1)单击"绘图"工具栏中的"文本框"按钮▤，在文档中插入一个 3 cm 高，1 cm 宽的文本框。其中设置文本框的格式为：

①颜色和线条：填充颜色为无填充色；线条颜色为无线条色。

②版式：环绕方式为紧密型。

(2)在文本框中添加文字："心心相印"。其中设置文字格式为：

①字体与字号：宋体、加粗、小四。

②字体颜色：红色。

③文字位置：居中。

(3)利用"Shift"键同时选中文本框与图 4－74 所示中的自选图形，单击"绘图"工具栏上的"绘图"按钮，打开绘图菜单，选择"对齐或分布"级联菜单中的"水平居中"和"垂直居中"命令，使两个图形居中对齐。

(4)打开"绘图"菜单，选择"组合"命令；或选择快捷菜单中的"组合"命令，将两个图形进行组合。

(5)调整图形到适当位置,如图4—75所示。

心心相印

图4—75　组合后的图形

4.8.5 制作水印

"水印"是指对一些重要文档的背景设置的一些隐约的文字或图案。在 Word2003 中制作水印的方法如下:

(1)单击"格式"菜单下"背景"子菜单下的"水印"命令,如图4—76所示。

图4—76　"水印"对话框

(2)在"水印"对话框中可以完成图片水印或文字水印的设置。

(3)设置完成单击"确定"按钮。

4.8.6 公式编辑

利用 Word 2003 提供的公式编辑器可以在文档中输入数学公式。

【例13】　输入如下数学公式:

$$\sum_{n+1}^{m} x = \sqrt{D(y)}$$

插入数学公式的操作方法如下:

(1)将光标插入点移至需要插入数学公式的位置。

(2)选择"插入"菜单中的"对象"命令,屏幕出现"对象"对话框,如图4—77所示。

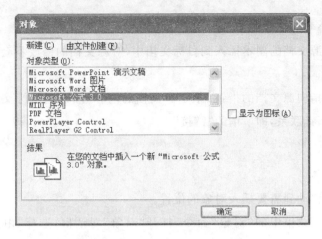

图 4-77 "对象"对话框"新建"选项卡

（3）在"新建"选项卡中选择"Microsoft 公式 3.0"，单击"确定"按钮，弹出"公式"工具栏，同时打开公式编辑框，如图 4-78 所示。

图 4-78 "公式"编辑框及"公式"工具栏

（4）在编辑框中编辑公式。

①单击求和模板工具按钮中选定"求和"按钮 （求和模板插入到编辑框中），移动插入点到求和下限输入"n＋1"，再输入上限"m"，接着输入"x"。

②输入"＝"，然后单击分式和根式模板 中的分式 按钮，输入"D(y)"，然后点击编辑框外任一处，完成公式的输入操作，回到文档的编辑状态。

4.8.7 对象的嵌入与链接

前面介绍了利用剪贴板可以在不同的文档间共享信息。此外，利用对象的嵌入与链接技术 OLE（Object Linking and Embedding），可以共享不同的应用程序生成的数据，从而发挥各应用程序的特长。例如，可以将其他绘图程序绘制的图形插入到 Word 2003 文档中，也可以将 Excel 电子表格插入到 Word 2003 文档中。

提供插入对象的文档，称为"源文档"，接受插入对象的文档称为"目标文档"。按源文档在目标文档中的存储方式，分为"对象的嵌入"和"对象的链接"。

1.对象的嵌入和链接的概念

(1)嵌入。将源文档的副本插入到目标文档中,对源文档的修改不会影响目标文档;反之亦然。

(2)链接。将指向源文档的指针(不是源文档的内容)插入到目标文档中,源文档和目标文档间通过指针联系,即所谓的"链接"。

2.对象的嵌入

操作步骤如下:

(1)将插入点移动到需要插入对象的位置。

(2)选择"插入"菜单中的"对象"命令,打开"对象"对话框,选择"由文件创建"选项卡,如图4-79所示。

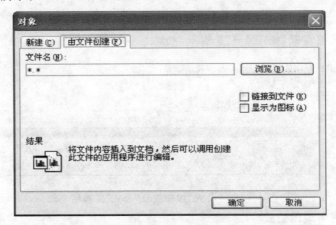

图4-79 "对象"对话框之"由文件创建"选项卡

(3)在"文件名"方框中输入待插入对象的路径及文件名,或单击"浏览"按钮,选择需要插入的文件。

(4)在嵌入对象时,一定不要选中"链接到文件"复选框。

(5)若选中"显示为图标"复选框,目标文档中不显示插入对象的内容,而是显示插入对象的图标。

(6)单击"确定"按钮,完成对象插入。

(7)此外,利用"新建"选项卡,可以启动相应的应用程序生成插入对象。

(8)双击嵌入对象,Word 2003会启动生成该对象的应用程序窗口(不是源文档的编辑窗口),可以对该对象进行修改,修改完成后,单击 Word 2003 文档可以返回 Word 2003 编辑窗口。

3.对象的链接

插入链接对象的操作和对象的嵌入操作相同,只是在"对象"对话框中必须选中"链接到文件"复选框。

（1）双击链接对象，Word 2003 会启动源文档的编辑窗口，关闭窗口前提示是否保存对源文档所作的修改。

（2）通过"链接"对话框，可以修改"源"和"目标"的同步状态。

4.9　邮件合并

"邮件合并"需要先建立一个主文档，该文档用来存放固定的内容，如信件内容、发信人地址、邮编等，在主文档中插入一个合并域，用来打开数据源中的信息，再建立一个数据源文件，该文档用来存放变动信息，如所有收信人或单位的地址、姓名、邮编等。将这二者合并，就可以建立许多内容相同，不同收信人或单位的信件或文件。

Word 2003 提供了"邮件合并"任务窗格式的"邮件合并向导"，在使用"邮件合并"操作时显得更加方便和容易。

【例 14】　使用"邮件合并"制作一个统一的录取通知书。

操作步骤如下：

（1）新建空白文档，撰写一份录取通知书模板，格式设置如下："录取通知书"二号、黑体、居中对齐。正文采用宋体、四号、粗体，"××科技学院"采用隶书、小二。日期中数字字体格式为"Times New Roman"，文字字体格式为宋体、小四、粗体。效果如图 4－80 所示。

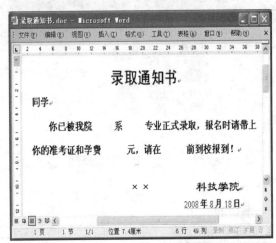

图 4－80　主文档效果

（2）单击"工具"→"信函与邮件"→"邮件合并"，在打开的"邮件合并"任务窗格中将"选择文档类型"选为"信函"，如图 4－81 所示；然后单击"下一步：正在启动文档"，在新界面中，选中"使用当前文档"，如图 4－82 所示；然后单击"下一步：选取收件人"，将新界面中的"选择收件人"选中"键入新列表"，然后单击"创建"按钮。

计算机应用基础

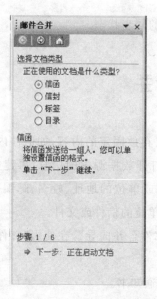
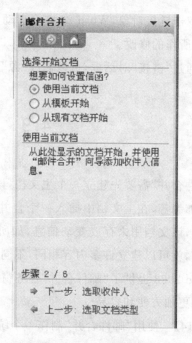

图4-81 "邮件合并"窗格　　　　图4-82 选择开始文档选项列表

(3)在打开的如图4-83所示的"新建地址列表"对话框中,单击"自定义"按钮,打开"自定义地址列表"对话框,如图4-84所示,在对话框中通过使用"添加"和"删除"将数据源中的项目改为适合要求的域名。

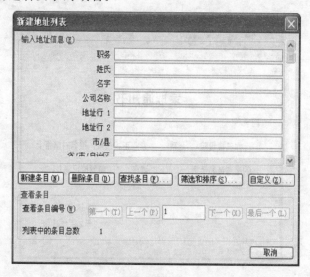

图4-83 "新建地址列表"对话框

(4)单击"添加"按钮,打开"添加域"对话框,在"键入域名"框内输入"姓名",单击"确定"按钮,将"姓名"添加到"自定义地址列表"对话框的"域名"列表框。

(5)重复步骤(4),分加添加系、专业、学费、日期,然后单击"自定义地址列表"对话框右边的"上移"、"下移"调整域的顺序。

160

图 4-84　添加了域名以后的"自定义地址列表"对话框

　　(6)单击"确定",返回"新建地址列表",输入录取学生信息,在完成每一个条目的输入后,单击"新建条目",增加新的条目,也可以通过"查找条目"对条目进行筛选和排序。

　　(7)在地址列表编辑完后,单击"关闭",将出现"保存通讯录"对话框,输入文件名,单击"保存"按钮之后自动打开"邮件合并收件人"对话框,如图 4-85 所示,可在此对话框内对学生信息进行修改等。确认无误后,单击"确定"按钮。

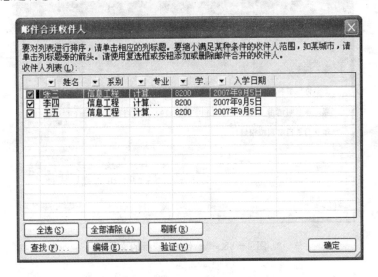

图 4-85　"邮件合并收件人"对话框

　　(8)此时在邮件合并任务窗格中,单击"下一步:撰写信函",然后在"通知"正文中,选中需要输入姓名、系、专业、学费、日期处,单击"其他项目"按钮,打开如图 4-86 所示的"插入合并域"对话框,选择对应的项目,单击"插入"按钮。最终效果如图 4-87 所示。完成后关闭"插入合并域"对话框,并在"邮件合并"任务窗格中单击"下一步:预览信函"。

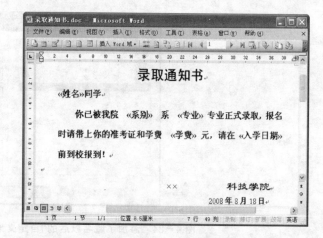

图 4-86 "插入合并域"对话框　　　　　　图 4-87 插入合并域后的效果

(9)在"邮件合并"任务窗格中单击收件人旁边的左右两个按钮,预览生成的多个录取通知书。确定无误后,单击"下一步:完成合并"。单击"邮件合并"工具栏上的"合并到新文档",就可以得到如图 4-88 所示效果。

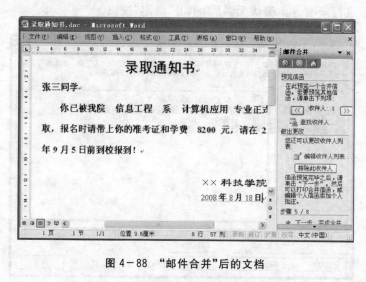

图 4-88 "邮件合并"后的文档

4.10　使用宏

如果在 Word 中反复执行某项任务,可以使用宏自动执行该任务。宏是一系列 Word 命令和指令,这些命令和指令组合在一起,形成了一个单独的命令,以实现任务执行的自动化。

以下是宏的一些典型应用:

(1)加速日常编辑和格式设置。

（2）组合多个命令，例如插入具有指定尺寸和边框、指定行数和列数的表格。

（3）使对话框中的选项更易于访问。

（4）自动执行一系列复杂的任务。

（5）Word 2003 提供了大量的宏，可以通过"向导"的方式来使用它们。当然也可以创建自己的宏以完成特定的工作。

4.10.1 创建宏

创建宏最简单的办法是使用宏记录器录制一系列操作来创建宏，如果对 VBA 有一定的了解，也可以直接在 Visual Basic 编辑器中输入 VBA 代码来创建宏，也可同时使用两种方法。可以录制一些步骤，然后添加代码来进行完善，使其具有更强大、更特别的功能。下面主要介绍使用录制器录制宏。

Word 中的宏录制器的作用如同磁带记录器。录制器通过有目的的键击和鼠标按键单击翻译为 Microsoft Visual Basic for Applications 代码进行记录。但是应当注意：录制宏时，可以使用鼠标单击命令和选项，但不能通过拖动鼠标来选择文本，必须使用键盘记录这些操作。例如，可使用"F8"选择文本并按"End"将光标移到行的结尾处。

录制宏的步骤如下：

（1）单击菜单命令"工具"→"宏"→"录制新宏"或者双击状态栏上的"切换录制宏"，弹出"录制宏"对话框，如图 4－89 所示。

图 4－89 "录制宏"对话框

（2）在"宏名"框中，键入宏的名称。

（3）在"将宏保存在"框中，单击将保存宏的模板或文档。

（4）在"说明"框中，键入对宏的说明。这个说明会被添加为宏起始处的注释。所以最好能够写一个有明确意义的说明，这样可以方便以后的查找。

（5）如果不希望将宏指定到工具栏、菜单或快捷键，请单击"确定"开始录制宏。

若要将宏指定到工具栏或菜单，请单击"工具栏"，在弹出的"自定义"对话框中单击

"命令"选项卡。在"命令"框中，单击正在录制的宏，然后将其拖动到需指定到的工具栏或菜单，如图4-90所示，单击"关闭"，开始录制宏。

图4-90 "自定义"宏对话框

要给宏指定快捷键，请单击"键盘"，弹出"自定义键盘"对话框，如图4-91所示。

图4-91 "自定义键盘"对话框

在"命令"框中单击正在录制的宏，在"请按新快捷键"框中键入所需要的快捷键，注意不要与系统使用的快捷键和Word使用的快捷键冲突，这里使用"Ctrl+Shift+A"，然后单击"指定"，再单击"关闭"，开始录制宏。这个时候出现"停止录制"工具栏，鼠标指针也发生了变化。工具栏上出现两个命令按钮"停止录制"和"暂停录制"，如图4-92所示。

图4-92 "停止录制"和"暂停录制"工具栏

（6）执行要包含在宏中的操作。录制宏时，可以使用鼠标单击命令和选项，但不能选择文本。必须使用键盘记录这些操作。如果需要暂停录制，单击"暂停录制"按钮。这个时候"暂停录制"变为"恢复录制"，要继续开始录制，单击"恢复录制"按钮即可。在录制过程中你可以按退格键"BackSpace"或者"Del"键来纠正输入错误。

（7）若要停止录制宏，请单击"停止录制"工具栏上的"停止录制"按钮，或者单击"工具"→"宏"→"停止录制"菜单命令。

4.10.2 将宏指定到工具栏按钮、菜单和快捷键

如果要方便快捷地运行宏，可以将其指定到工具栏、菜单或快捷键中。这样，运行宏就和单击工具栏按钮、菜单命令，或者按快捷键一样的简便。

操作步骤如下：

执行"工具"→"自定义"菜单命令，打开如图 4－93 所示的"自定义"对话框，选择"命令"选项卡，在类别中选择"宏"，右边会出现宏的列表，这个时候你可以将宏拖动到工具栏上，或者单击"键盘"按钮，为宏设立快捷键。

图 4－93　"自定义"对话框

如果为一个新创建的宏指定与现有内置 Word 命令相同的名称，新的宏操作将代替内置命令的操作。例如，如果录制一个新的宏并将之命名为"FileClose"，它将与"关闭"命令相关联。当选择"关闭"命令时，Word 将执行新录制的操作。

4.10.3 保存宏

可以将宏保存在模板或文档后。在默认情况下，Word 将宏保存在 Normal 模板中。

这样所有 Word 文档都可使用宏。如果需在单独的文档中使用宏,可以将宏保存在该文档中。文档中单独的宏保存在宏方案中,可以将该宏从文档中复制到其他文档。

4.10.4 重命名宏

重命名宏的操作步骤如下:

(1)单击"工具"→"模板和加载项"选项卡,打开"模板和加载项"对话框,如图 4-94 所示。

(2)单击"管理器"按钮,弹出"管理器"对话框,如图 4-95 所示。

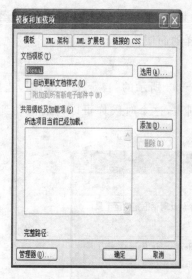

图 4-94 "模板和加载项"对话框 图 4-95 "管理器"对话框

(3)在"管理器"对话框中,单击"宏方案项"选项卡。

(4)在文档或模板的"文档名称"框中,单击要重命名的项目名称,然后单击"重命名",弹出"重命名"对话框,如图 4-96 所示。

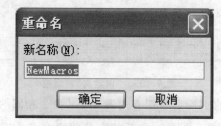

图 4-96 "重命名"对话框

(5)在"重命名"对话框中为该项目键入新名称。

(6)单击"确定"按钮,再单击"关闭"按钮。

4.10.5 运行宏

宏可能包含病毒,因此在运行宏时要格外小心。可采用下列预防措施:在计算机上运行最新的防病毒软件;将宏安全级别设置为"高";清除"信任所有安装的加载和模板"复选框;使用数字签名;维护可靠发行商的列表。

运行宏的步骤如下:

(1)单击"工具"菜单中"宏"子菜单中的"宏"命令,打开"宏"对话框。

(2)在"宏名"框中,单击要运行的宏的名称。

(3)单击"运行"按钮。

4.10.6 删除宏

如果要删除单个宏,操作步骤如下:

(1)在"工具"菜单上,指向"宏"子菜单,再单击"宏",打开"宏"对话框,如图 4-97 所示。

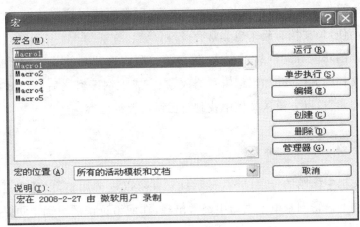

图 4-97 "宏"对话框

(2)在"宏名"框中单击要删除的宏的名称。

(3)如果该宏没有出现在列表中,请在"宏的位置"框中选择其他文档或模板。

(4)单击"删除"按钮。

如果你需要删除整个宏方案,操作步骤如下:

(1)在"工具"菜单上,指向"宏"子菜单,再单击"宏"。

(2)单击"管理器"按钮,选择"宏方案项"选项卡。

(3)在"宏方案项"选项卡上,单击要从任一列表中删除的宏方案,然后单击"删除"即可,如图 4-98 所示。

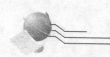

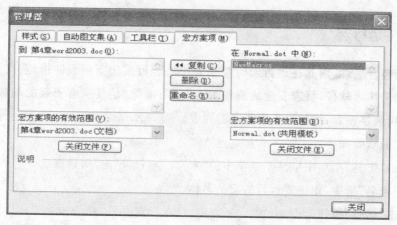

图 4-98 "管理器"对话框

4.11 大纲和目录

Word 2003 提供了一系列编辑长文档的功能,正确地使用这些功能,组织和维护长文档就会变得简便,长文档看起来也非常有条理。

处理长文档的功能有大纲显示模式、目录等。利用这些功能,可以方便地在大纲视图下起草长篇文档的大纲,并加以编辑及修改,在完成大纲编辑之后,Word 2003 会自动生成文档目录和索引,以方便从文档中找到自己所需要的内容。

4.11.1 大纲

大纲就是文档中标题的分层结构,显示标题并可以进行调整,以适应更深层次的标题分组。大纲在书籍特别是电子书籍中经常出现,在网络论谈的页面上更是经常可以看到。有了大纲,可以方便快捷地浏览整个文档框架,快速找到对自己有用的内容。Word 2003中提供了"大纲视图",可方便地在"大纲视图"下浏览文档的大纲。单击"视图"→"大纲"菜单命令或者单击编辑文档窗口中的水平滚动条中的"大纲视图",进入大纲视图,同时,Word"普通"模板中包含了多种标题样式,可以很方便地在大纲视图下进行大纲的编辑及修改。而且在"常用"工具栏中也提供了"文档结构图"按钮,单击此按钮就可以根据文档的标题在文档的左侧生成文档的大纲组织图,点击大纲上自己感兴趣的标题即可浏览标题下的内容,如图 4-99 所示。

4.11.2 使用大纲

在 Word 2003 中提供了"大纲"视图,使用大纲视图可以迅速了解文档的结构和内容

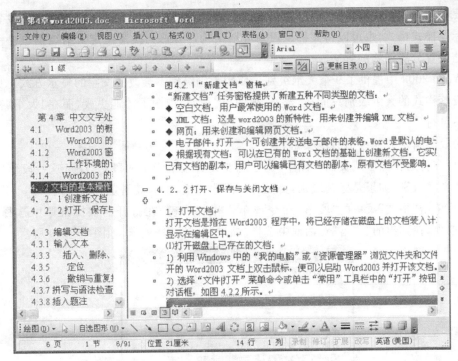

图 4-99 文档的结构图

梗概,可以清晰地显示文档的结构,文档标题和正文文字被分级显示出来。单击"大纲"工具栏上的"显示级别"下列拉表可以查看需要的标题级别,在此列表中提供了"级别 1"至"级别 9"之间所有级别的视图。根据需要,一部分的标题和正文可以被暂时隐藏起来,以突出文档的总体结构。可以通过选择文档的大纲视图来浏览整个文档以把握文档的总体结构,然后再详细了解文档的各个部分。同时在大纲视图下,也可以方便地起草和组织文档。如在起草时可以通过只显示标题来压缩文档,利用视图工具栏上的按钮对标题的级别加以升级或降级等等。

创作一篇文档时,可以先在大纲视图中列出它的提纲和各级标题,然后再根据提纲逐步充实文档的内容。在大纲视图中,在每个标题的左边显示了一个符号,"✚"表示带有下一级标题,"▭"表示不带有下一级标题。

正文是大纲中除标题以外的任何段落文字。在大纲视图中,段落左边的小方框"▪"表示该段落为正文。正文可以看成是最低一级的标题。

要显示文档的大纲,首先切换到大纲视图,单击"视图"→"大纲"菜单命令或者单击编辑文档窗口中水平滚动条中的"大纲视图",可以切换到大纲视图。

4.11.3 使用大纲段落级别

大纲的创建与修改只能在大纲视图下进行。Word 2003 将把录入的内容视为一级标题,并把它们按一级标题样式格式化。

要在大纲视图中编辑文档,必须将文档设置为分层结构。上面介绍的将文本设置为内置标题样式格式,也可以将文档设置为分层结构,同时,为段落指定大纲级别也是一种为文档设置分层结构的方法。

Word 2003中提供了9个大纲级别。使用大纲级别不会改变文字的显示方式。更改不同段落样式的大纲级别只能在"普通"视图或"页面"视图下才能更改,而在"大纲"视图下却不可行。

为段落指定大纲级别的步骤如下:

(1)在普通视图中或页面视图中,选定想要设置大纲级别的段落,注意这些段落应该是正文文字级别,如果是标题级别,要先将其降为正文,再为其指定大纲级别。

(2)单击"格式"菜单的"段落"命令或单击鼠标右键,在打开的快捷菜单中选择"段落"菜单项,在弹出的"段落"对话框中选择"缩进和间距"选项卡,如图4-100所示。

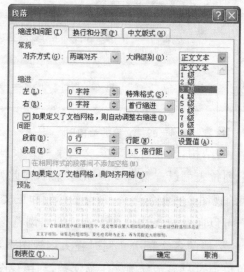

图4-100 "段落"对话框

(3)在"大纲级别"的下拉式列表框中,选择所需的级别。

(4)单击"确定"按钮即可。

在为各个段落设置好大纲级别后,切换到大纲视图中,即可看到各段按大纲级别的不同分为不同的层次。

4.11.4 建立目录

一般在长文档的开始部分都要列出文档的目录。目录展示了文档内的信息。有了目录,就能很容易地知道文档中有什么内容,如何快速查找内容等。Word 2003提供了自动生成目录的功能,使目录的制作变得非常简便,而且在文档发生了改变以后,还可以利用更新目录的功能来适应文档的变化。在 Word 2003 中,可以方便地生成各种内容的目录或图表目录。

注:长文档目录生成的前提条件必须是对文档中的标题应用标准的标题样式,否则Word 2003 就不能创建正确的目录。

1.创建和格式化目录

Word 2003 中利用文档的标题或者大纲级别来创建目录。因此,在创建目录之前,应确保希望出现在目录中的标题应用了内置的标题样式。也可以应用包含大纲级别的样式或者自定义的样式。

(1)从标题样式创建目录,操作步骤如下:

①将光标移到要插入的目录的位置。

②单击"插入"菜单的"引用"命令,在弹出的子菜单中单击"索引和目录…"菜单项,并在弹出的"索引和目录"对话框中选择"目录"选项卡,如图 4－101 所示。

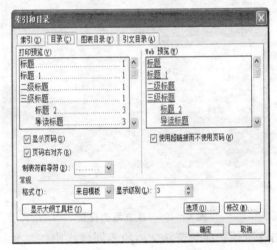

图 4－101　"索引和目录"对话框

③在"格式"列表框中选择目录的风格,选择的结果可以通过"打印预览"框来查看,左边窗口展示了目录在打印文档中的外观,右边窗口展示了目录在 Web 文档中的外观。如果选择"来自模板",则表示是使用内置的目录样式来格式化目录;如果要改变目录的样式,可以单击"修改"按钮,按更改样式的方法修改相应的目录样式。

④单击"选项"按钮,打开"目录选项"对话框,如图 4－102 所示。在该对话框中选中"样式"和"大纲级别"复选框,取消对"目录项域"复选框的选择。

图 4－102　"目录选项"对话框

⑤在"打印预览"中,如果选中"显示页码"复选框,将在标题后显示页码,如果选中"页码右对齐"复选框,页码将右排列,而不是紧跟在标题项的后面。在 Web 版面,默认时目录的条目直接与网页链接,取消选中"使用超链接而不使用页码"复选框则使用页码。

⑥选择合适的选项后单击"确定"按钮。建立后的目录如图 4—103 所示。

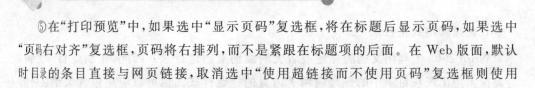

4.5.3	页面设置	38
4.5.4	设置页眉与页脚	39
4.5.5	设置页码	40
4.5.6	设置页面边框	41
4.5.7	打印预览	42
4.5.8	打印文档	43
4.6	使用编辑工具	45
4.6.1	文档的显示方式	45
4.6.2	样式	46
4.6.3	模板	48
4.7	表格操作	52
4.7.1	创建表格	52
4.7.2	修改表格	55
4.7.3	表格内容的输入和格式设置	60
4.7.4	转换表格和文本	63
4.7.5	表格自动套用格式	64
4.8	使用图形对象	65
4.8.1	插入图片	65
4.8.2	绘制图形	70
4.8.4	使用文本框	72
4.8.5	制作水印	73
4.8.6	公式编辑	74

图 4—103　建立后的目录

(2)从其他样式创建目录。如果要从文档的不同样式中创建目录,例如,不需要根据"标题 1"到"标题 9"的样式来创建目录,而是根据自定义的"样式 1"到"样式 3"的样式来创建目录,操作步骤如下:

①将光标移到要插入目录的位置。

②打开如图 4—101 所示的对话框,然后单击"选项"按钮,弹出如图 4—103 所示的"目录选项"对话框。

③在"有效样式"列表框中找到标题使用的样式,然后在"目录级别"文本框中指定标题的级别。如果不想用某一样式,可删除"目录级别"文框中的数字。例如,用户可以删除标题 1、标题 2 和标题 3 后面的"目录级别"中的数字。

④单击"确定"按钮,返回到"索引和目录"对话框。

⑤在"索引和目录"对话框中选择合适的选项后单击"确定"按钮。

2.保持目录不断更新

Word 2003 所创建的目录是以文档的内容为依据,如果文档的内容发生了变化,如页码或者标题发生了变化,就需要更新目录,使它与文档的内容保持一致。

在创建了目录后,如果想改变目录的格式或者显示的标题等,可以再执行一次创建目录的操作,重新选择格式和显示级别等选项。操作完成后,会弹出一个对话框,询问是否要替换原来的目录,选择"是"即可替换原来的目录。

如果只是想更新目录中的数据,以适应文档的变化,而不是要更改目录的格式等项目,可以在目录上单击鼠标右键,在弹出的快捷菜单中单击"更新域"菜单项即可,也可以选择目录后,按下"F9"键迅速更新目录最近的修改。弹出"更新目录"对话框,询问你是只想更新页码还是更新整个目录。如果你肯定没有添加或更新任何标题,则只需更新页码即可。如果要确保文档里任何修改、添加或删除的标题都在目录里更新,就要更新整个目录。

如果在编辑目录时,注意到标题里的拼写或编辑错误,就可在目录里直接改正目录项,然后再在文档里做相关的改正,这样就不用重新编辑目录。如果在目录里编辑文字,必须采用与编辑文档中的其他文字不同的方式。Word 2003 为每个目录项创建了超级链接。如果按住"Ctrl"键单击目录项,Word 2003 会跳到文档中相应的标题和页面。要选中并编辑目录,单击目录右面页边距的任意位置,此时目录所有文字出现底纹。底纹表明目录文字实际上是部分目录域代码。然后单击和拖动选中文字,用通常采用的方法进行修正。

思 考 题

一、打开文档 WLX1.doc,按照样文 1 进行如下操作:

1.设置文档页面格式

(1)设置页眉和页脚,在页眉左侧录入文本"德育论文",右侧插入域"第 1 页"。

(2)将正文前两段设置为三栏格式,加分隔线。

2.设置文档编排格式

(1)将标题设置为艺术字,式样为艺术字库中第 2 行第 5 列,字体为华文行楷,环绕方式为上下型。

(2)将正文前两段字体设置为楷体,小四,字体颜色为蓝色。

(3)将正文最后一段设置为仿宋,小四。

(4)将正文第一段设置为首字下沉格式,下沉行数为两行,首字字体设置为华文行楷。

3.文档的插入设置

(1)在样文所示位置插入图片,图片为 WLX1.jpg ,设置图片大小为缩放 50%,环绕方式为紧密型。

(2)在最后一段"真珠"文处添加批注"此处用词不当。"

二、根据样文 2 制作课程表,格式要求:

1.将表格第一行字体设置为黑体小四;将表格文本设置对齐方式为中部居中;将表格第一行的底纹设置为天蓝。

样文 1

2.将表格外边框和第一行的下边线设置为红色实线,粗细为 2.25 磅;其余内边线设置为细实线,粗细为 1 磅。

3.合并表格第六行所有单元格,表头设置如样文 2 所示。

课 程 表

	星期一	星期二	星期三	星期四	星期五
1	语文	英语	数学	计算机	政治
2	语文	英语	数学	计算机	政治
3	数学	政治	英语	上机	计算机
4	数学	政治	英语	上机	计算机
午　休					
5	班会	自习	语文	体育	上机
6	劳动	自习	语文	体育	上机

样文 2

三、打开文档 WLX2.doc,按如下要求进行操作:

1.创建主控文档、子文档:按照样文 3,把 WLX2.DOC 创建成二级主控文档,把标题"4.3.1 输入文本"创建成子文档,以 WLX2A.DOC 为文件名另存在自己的文件夹中。

2.创建目录:按照样文 4,建立目录放在文档首部,目录格式为简单、显示页码、页码右对齐,显示级别为 3 级。

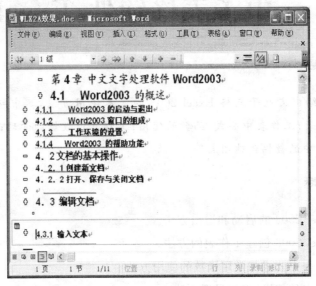

样文 3

第4章 中文文字处理软件 Word2003 1

4.1 Word2003 的概述 1

4.1.1 Word2003 的启动与退出 1

4.1.2 Word2003 窗口的组成 2

4.1.3 工作环境的设置 3

4.1.4 Word2003 的帮助功能 4

4.2 文档的基本操作 5

4.2.1 创建新文档 5

4.2.2 打开、保存与关闭文档 6

4.3 编辑文档 11

4.3.1 输入文本 11

样文 4

第5章

电子表格软件 Excel 2003

 学习指导

本章主要介绍中文电子表格 Excel 2003 的基本使用方法,其中包括如何在 Excel 2003 中创建工作表;工作表中公式、函数的使用;工作表中数据的管理;工作表格式的设置;如何由工作表中的数据创建图表等。

学习目标

(1)掌握 Excel 2003 的启动和退出方法。

(2)掌握 Excel 2003 创建工作表的方法。

(3)掌握工作表中公式与常用函数的使用方法。

(4)掌握工作表的编辑、格式设置方法。

(5)掌握数据的查询、排序、筛选、分类汇总、数据透视表等操作。

(6)掌握图表的制作和编辑方法。

(7)掌握工作表的页面设置与打印方法。

5.1 Excel 2003 简介

5.1.1 Excel 2003 概述

Excel 2003 是中文 Microsoft Office 2003 软件中的电子表格处理软件。它以电子表格为操作平台,以数据的采集、统计与分析为主要工具,既有关系数据库的管理模式,又具有数据图表化的处理手段,能够把表格处理、数据统计、图表显示集于一体,是常用的办公软件之一。

5.1.2 Excel 2003 的启动与退出

1. Excel 2003 的启动

启动 Excel 2003 的常用方法有以下两种：

（1）从"开始"菜单中启动：单击"开始"菜单中的"程序"命令，在下一级子菜单中选择"Microsoft Office"，在下一级子菜单中单击 Excel 图标 Microsoft Office Excel 2003。

（2）使用桌面快捷图标：双击桌面上 Excel 快捷图标 Microsoft Excel，即可打开 Excel 2003 窗口。

2. Excel 2003 的退出

退出 Excel 2003 的常用方法有以下四种：

（1）使用菜单命令：单击"文件"菜单中的"退出"命令，或单击控制菜单中的"关闭"命令。

（2）双击"控制菜单"图标。

（3）单击"关闭"按钮 ⊠。

（4）使用快捷键：按组合键"Alt＋F4"。

5.1.3 Excel 2003 窗口

Excel 2003 窗口如图 5—1 所示。

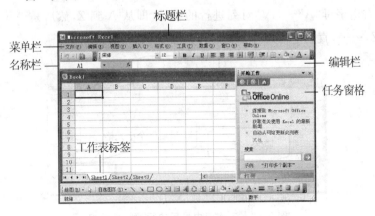

图 5—1　Excel 窗口及组成

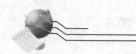

5.2　Excel 的基本概念

1.工作簿

工作簿是工作表的集合,一个 Excel 文件称为一个工作簿,其扩展名为".xls"。启动 Excel 后,系统自动打开一个名为"Book1"的工作簿。工作簿是 Excel 存储的基本单位,它由若干张工作表组成。

2.工作表

工作表是由整齐排列的单元格组成的一张二维表。一张工作表包含 65536 行、256 列,共 65536×256 个单元格。每个工作表都有一个工作表标签名,如 Sheet1 等。

3.单元格

工作表中每个行、列交叉点处的小格称为单元格,是 Excel 存放和处理数据的基本单元。

4.行号

从上到下由数字 1~65536 对行进行的编号。

5.列号

从左到右由字母"A"~"IV"对列进行的编号(即从 A 到 Z,然后是 AA 到 AZ,再后是 BA 到 BZ,……,直到 IV,共有 256 列),如图 5-2 所示。

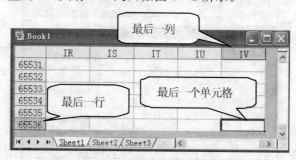

图 5-2　工作表中最后的行、列、单元格

6.单元格地址

对每个单元格的标识,表示单元格在工作表中的位置,称为单元地址。

单元格地址的一般格式:列号+行号。例如,A5 表示第 A 列第 5 行的单元格。

通常,单元格地址有 2 种表示方法:

(1)相对地址:以列号和行号组成,如 A2,B5,C6 等。

(2)绝对地址:以列号和行号前加上符号"$"组成,如 A2、B5。

7.单元格区域

区域是由工作表中一个和多个连续单元组成的矩形块。可以对定义的区域进行各种各样的编辑和操作,如复制、移动、删除等。引用一个区域可以用矩形对角的两个单元格地址表示,中间用冒号":"相连,如图 5—3 所示的区域以 B2:D5 表示。

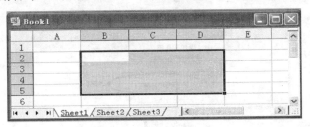

图 5—3　单元格区域

8.活动单元格

当前被选取的单元格称为活动单元格,它的边框线变成粗线,同时该单元格的地址显示在编辑栏的名称框里。此时可对该单元格进行数据的输入、修改或删除等操作,如图 5—4 所示。

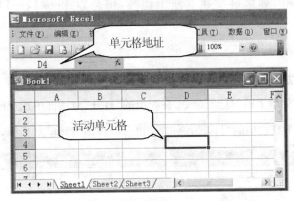

图 5—4　活动单元格

5.3　工作簿的操作

5.3.1 工作簿的基本操作

1.新建工作簿

Excel 启动之后,系统将自动建立一个新的工作簿 Book1,在此工作簿内可直接输入、编辑数据。

建立新工作簿的方法如下：

（1）单击"文件"菜单下的"新建"命令，在窗口右侧出现"新建工作簿"选项，单击"空白工作簿"即可，如图5－5所示。

图5－5　新建工作簿

（2）单击"常用"工具栏中的"新建"按钮，即可新建一个工作簿。

新创建的工作簿名称会按默认方式递增。例如，原来的工作簿为Book1，则现在创建的工作簿名为Book2，如果继续建立新工作簿，则会以Book3，…，Book*n*的方式递增下去。

2. 打开工作簿

打开工作簿的方法如下：

（1）单击"文件"菜单下的"打开"命令，在弹出的"打开"对话框中选定所需的Excel文件。

（2）单击"常用"工具栏中的"打开"按钮　也可以弹出"打开"对话框，如图5－6所示。

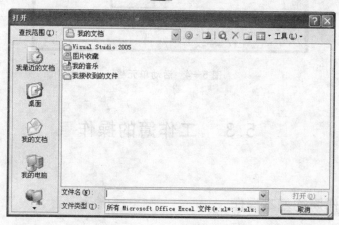

图5－6　"打开"对话框

3. 保存工作簿

保存新创建的、未命名的工作簿的方法如下：

（1）单击"常用"工具栏中的"保存" 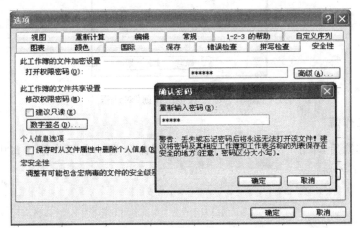 按钮，打开"另存为"对话框，在"文件名"文本框中键入文件名，单击"保存"按钮，Excel 会自动给工作簿添加扩展名（.xls）并存盘，如图 5-7 所示。

图 5-7　"另存为"对话框

（2）保存已命名工作簿的方法如下：

直接单击"文件"菜单的"保存"命令或单击"常用"工具栏的"保存"按钮，可以完成已命名工作簿的保存操作。

注：保存一个工作簿，会将该工作簿的所有工作表一起保存。

4.设置工作簿密码

通过为工作簿设置密码，可以增加文档的安全性，防止工作簿被其他人打开和更改。

操作步骤如下：

（1）单击"工具"菜单下的"选项"命令，打开"选项"对话框，选择"安全性"选项卡，如图 5-8 所示。

图 5-8　"选项"对话框

（2）在"打开权限密码"文本框中输入密码，输入后的密码显示为星号。

（3）单击"确定"按钮，弹出"确认密码"对话框。

（4）重新输入一次设置的密码。由于 Excel 设置密码是区分大小写的，因此必须保证两次输入的密码一致。

（5）单击"确定"按钮。

这样，就为工作簿文件设置了一个打开权限密码。当用户打开该工作簿时，将出现"密码"对话框，如图 5-9 所示。

图 5-9 "密码"对话框

5.保护工作簿

保护工作簿可以锁定工作簿的结构，不仅可以禁止用户添加或删除工作表以及显示隐藏的工作表，而且可以禁止用户更改工作表窗口的大小或位置。

操作步骤如下：

（1）打开需要保护的工作簿。

（2）单击"工具"菜单下的"保护"子菜单，选择"保护工作簿"命令，打开"保护工作簿"对话框，如图 5-10 所示。

（3）在密码文本框输入密码后，单击"确定"按钮，完成对工作簿的保护。

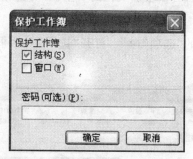

图 5-10 "保护工作簿"对话框

6.关闭工作簿

保存工作簿后，单击"文件"菜单下的"关闭"命令或单击工作簿窗口中的"关闭"按钮，即可关闭工作簿。

5.3.2 在工作表中输入数据

1.Excel 的数据类型

Excel 允许向单元格输入文本、数值、日期、时间和计算公式,并能自动判断输入的数据是哪一种类型。Excel 能处理的数据有如下几种类型:

(1)文本类型。

Excel 文本包括汉字、英文字母、数字、空格及键盘能键入的其他符号,只要不被系统解释为数字、公式、日期、时间和逻辑值,则一律视为文本。在默认情况下,文本输入时在单元格中左对齐。有些单元格如电话号码、邮政编码常常作字符处理。输入时只需在输入数字前加上单引号"'",系统将不把它当作字符数据,如图 5-11 所示。

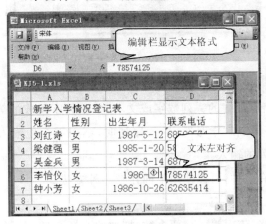

图 5-11　文本类型输入

(2)数值类型。

在 Excel 中,数字是仅包含的常数值有:数字(0~9)和＋ － ( )/ $ ￥ ％ . E e。

一般用来表示年龄、金额和数量等数值数据,有整数、小数、分数和科学记数法几种表示法。

数值型数据在单元格中默认为右对齐。若输入数据超出单元格宽度,会显示为四舍五入的形式或被 Excel 自动以科学计数法表示,若还显示不下,则会显示为几个"♯",计算时仍以输入数值为准而不是以显示数值为准。分数的输入方式是:先输入 0 和一个空格,再输入分数 3/4。如只输入 3/4,系统会认为是日期,显示为 3 月 4 日。

(3)日期/时间类型。

由于不同人所使用的日期格式不同,在 Excel 中允许使用斜线、文字以及破折号与数字组合的方式来输入日期。

以输入 2003 年 12 月 21 日为例,最常用的输入日期的方法有 2003－12－21、2003/12/21 和 2003 年 12 月 21 日。

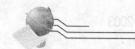

虽然可以使用多种输入格式,但系统默认的日期格式只有一种,当输入的日期格式不同于系统默认格式时,选择该单元格就会发现编辑栏中显示的内容与单元格中显示的内容不同,这是因为编辑栏中是以系统默认格式显示的,如图5—12所示。

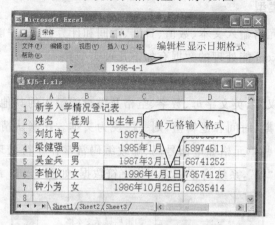

图5—12 日期类型输入

2.自定义序列和填充

Excel的序列是指有规律的一列数字或文本,如由数字组成的等差数列和等比数列,如在图5—13中的"序号"和"学号"。输入序列时,不用逐个地输入,可以用填充序列的方法快速完成一组序列的输入。

填充序列的方法有多种,可以使用下面任意一种方法。

(1)输入前两个数字后填充。

选定前两个单元格,依次输入前两个数,拖拽填充柄至最后一个单元格。

【例1】 如图5—13所示,在单元格区域A3:A17中输入等差序号"1、2、……"。

图5—13 填充数字样例

操作步骤如下:

①在A3中输入"1",按"Enter"键,在A4中输入"2",按"Enter"键。

②选定单元格区域A3:A4。

③选定A3:A4后,光标指定在所选区域右下方,待出现"**+**"后,拖拽填充柄至A17,如图5—13所示。

④在选定区域外单击任意单元格取消选定区域。

(2)输入第一个数字后,按住"Ctrl"键拖拽填充。

操作步骤:选定第一个单元格,输入初值,按住"Ctrl"键的同时拖拽填充柄至最后一个单元格。

(3)使用自动填充选项菜单命令填充序列。

操作步骤:选定第一个单元格,输入初值,拖拽填充柄,然后在填充区域右下角下拉按钮中单击"以序列方式填充",如图 5—14 所示。

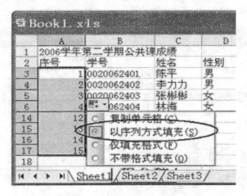

图 5—14　使用下拉菜单填充序列

(4)使用菜单填充。

操作步骤如下:

①选定第一个单元格,输入初值,选定整个填充区域。

②单击"编辑"菜单,选择"填充"命令中的"序列"命令。

③弹出"序列"对话框,按指定要求选择"序列产生在"、"类型"及"步长值"等,单击"确定",如图 5—15 所示。

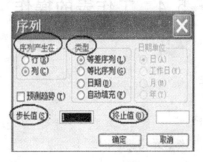

图 5—15　"序列"对话框

3.建立自定义序列

在 Excel 中已经定义好了一些序列,如"甲、乙、丙、丁……"等,这样在输入数据"甲"后可以在后续的单元格中自动填充"乙、丙、丁……"等数据。用户可以在 Excel 中定义自己的序列。

【例2】 自定义序列"春、夏、秋、冬"。

操作步骤如下：

(1)单击"工具"菜单下的"选项"命令，打开"选项"对话框。

(2)在"选项"对话框中的"自定义序列"列表框中选择"新序列"选项。

(3)在"输入序列"文本区中输入"春"、"夏"、"秋"、"冬"(每个字要单独在一行)，如图5—16所示。

(4)单击"添加"按钮，将自定义的序列添加到序列集中。

(5)单击"确定"按钮，即可结束操作。

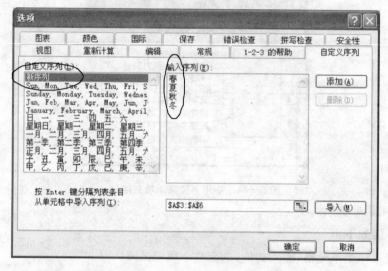

图5—16 自定义序列

5.4 工作表的操作

5.4.1 单元格的选定

(1)使用鼠标选定单元格。

①选定一个单元格：单击该单元格。

②选定一个矩形区域：按住左键不放，由该区域的单元格拖拽至对角点单元格；或者单击某角点单元格，然后按住"Shift"键的同时单击对角点单元格。

③选定一行：单击该行的行号。

④选定一列：单击该列的列号。

⑤选定多个不连续的区域：先选定一个区域后，再按住"Ctrl"键的同时拖拽另外的区域。

⑥选定连续多行或多列：按住左键不放拖拽行号或列号。

⑦选定不连续多行或多列：选定第一组行或列，然后按住"Ctrl"键的同时，拖拽要选的其他行号或列号。

⑧选定某工作表中所有单元格：单击工作表全选按钮，或者按组合键"Ctrl＋A"。

（2）使用"定位"命令选定单元格。

操作步骤如下：

①单击"编辑"菜单下的"定位"命令，打开"定位"对话框，如图 5－17 所示。

②在"引用位置"文本框输入需定位的单元格名称。

③单击"确定"按钮，所定位的单元格即为当前活动单元格。

图 5－17　"定位"对话框

5.4.2　工作表的修改与编辑

1.插入行、列或单元格

（1）插入单元格。

操作步骤如下：

①选定对象：在要插入单元格处选定与插入数目相同的单元格。

②使用下面任意一种方法打开"插入"对话框。

方法 1：单击"插入"菜单下的"单元格"命令。

方法 2：在选定区域单击右键，在快捷菜单中单击"插入"命令。

③弹出"插入"对话框，选择"活动单元格左移"或"活动单元格下移"，然后单击"确定"按钮，如图 5－18 所示。

图 5－18　"插入"对话框

(2)插入行

方法 1:使用命令插入行。

操作步骤如下：

①在要插入的行处选定整行(可以是连续的,也可以是不连续的)。

②单击"插入"菜单下的"行"命令,如图 5－19 所示;或在选定区域单击右键,在快捷菜单中单击"插入"命令。

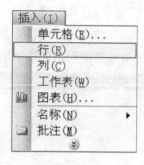

图 5－19　插入行

方法 2:使用对话框插入行。

操作步骤如下：

①在要插入的各行任意选定一个单元格。

②单击"插入"菜单下的"单元格"命令;或在选定区域右击,在快捷菜单中单击"插入"命令。

③弹出"插入"对话框:选择"整行"命令,然后单击"确定"按钮,如图 5－18 所示。

(3)插入列。

方法 1:使用命令插入列。

操作步骤如下：

①在要插入的列选定整列(可以是连续的,也可以是不连续的)。

②单击"插入"菜单下的"列"命令,如图 5－19 所示;或在选定区域单击右键,在快捷菜单中单击"插入"命令。

方法 2:使用对话框插入行。

操作步骤如下：

①在要插入的各列任意选定一个单元格。

②单击"插入"菜单下的"单元格"命令;或在选定区域右击,在快捷菜单中单击"插入"命令。

③弹出"插入"对话框:选择"整列"命令,然后单击"确定"按钮,如图 5－18 所示。

2.删除单元格、行或列

操作步骤如下：

(1)选定要删除的对象。

删除单元格时:在要删除的位置选定与删除数目相同的单元格。

删除 *n* 行时:在要删除行的位置,每行各选定 1 个单元格。

删除 *n* 列时:在要删除列的位置,每列各选定 1 个单元格。

(2)使用下面任意一种方法执行删除命令。

方法 1:单击"编辑"菜单下的"删除"命令。

方法 2:在要删除的区域单击右键,在快捷菜单中单击"删除"命令。

(3)弹出"删除"对话框,单击要删除的单选项,单击"确定"按钮,如图 5－20 所示。

图 5－20　"删除"对话框

3.复制、移动

(1)复制数据。复制是指将原单元格中的数据复制到目标位置,原单元格中的数据不变。

操作步骤如下:

①选定要复制的单元格或单元格区域。

②单击"编辑"菜单下的"复制"命令。

③选定目标区域的左上角单元格。

④单击"粘贴"命令。"粘贴"命令有两种情况:

用复制内容替换目标单元格的数据:单击"编辑"菜单下的"粘贴"命令;或快捷菜单"粘贴"命令;或常用工具栏"粘贴"按钮。

将复制内容插入到目标位置:在目标区域的左上角单元格处单击右键,在快捷菜单中单击"插入复制单元格"命令。

(2)移动数据。移动是指将原单元格中的内容剪切到目标位置,原单元格中的数据清除。

操作步骤如下:

①选定要剪切的单元格或单元格区域。

②单击"编辑"菜单下的"剪切"命令。

③选定目标区域的左上角单元格。

④单击"粘贴"命令。

（3）执行"粘贴"命令后，在粘贴区域的右下角显示"粘贴选项"按钮。单击该按钮右边下拉按钮，展开粘贴选项下拉列表，可以在列表中选择要粘贴的内容。"粘贴选项"按钮只有在复制命令时出现。

常见的工作表不仅有字符，还包含其他一些内容，如字符的格式、公式或批注等内容。在上面的移动或复制中，是将其全部内容粘贴至目标单元格。如果想只移动或复制其中的某项内容，则要使用"选择性粘贴"。选定目标位置的左上角单元格，单击"编辑"菜单下的"选择性粘贴"命令，弹出"选择性粘贴"对话框，选择要粘贴的项目，然后单击"确定"按钮，如图5－21所示。

图5－21　"选择性粘贴"对话框

4.单元格名称的定义

为了能够快速而且准确地选定指定的单元格区域，可以为其重新命名。新的单元格名称或单元格区域的名称显示在工作表的名称栏中。如要选定某已命名的区域，只要单击名称栏中的名称即可。

操作步骤如下：

（1）选定要命名的单元格。

（2）单击"插入"菜单下的"名称"子菜单，选择"定义"命令，将弹出"定义名称"对话框。

（3）弹出"定义名称"对话框的"在当前的工作簿中的名称"栏中输入新名称。

（4）完成后单击"确定"按钮，如图5－22所示。

5.对单元格进行注释

（1）添加批注。批注是附加在单元格中、对单元格的内容进行说明的注释。通过批注，可以更加清楚地了解单元格中数据的含义。

操作步骤如下：

①选取需要添加批注的单元格。

②选择"插入"菜单下的"批注"命令，弹出一个编辑框，如图5－23所示。

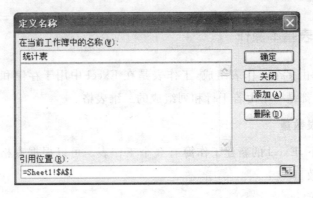

图 5-22　"定义名称"对话框

图 5-23　插入批注

③在文本框中输入批注的内容。单击文本框外部的工作表区域,完成批注的添加。将鼠标指针移动到添加批注的单元格上时,就会显示批注信息。

(2)删除批注。如果需要删除某一单元格的批注,那么右击需要删除批注的单元格,在弹出的快捷菜单中单击"删除批注"菜单项,这样就可以将单元格的批注删除,如图 5-24 所示。

图 5-24　删除批注

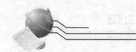
5.4.3 工作表基本操作

Excel 工作簿由多个工作表组成,工作表是在 Excel 中用于存储和处理数据的主要文档,每个工作表都是一个由若干行和列组成的二维表格。

1.设置工作表数量

在默认情况下,Excel 的新建工作簿有 3 个工作表。可以根据表格处理需要修改工作簿中工作表的数量。

操作步骤如下:

(1)单击"工具"菜单下的"选项"命令,打开"选项"对话框,选择"常规"选项卡,如图 5—25 所示。

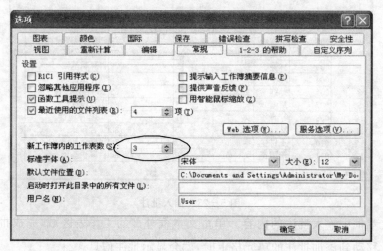

图 5-25　设置工作表数量对话框

(2)在"新工作簿内的工作表数"数值框中设置工作表的数量,可以直接输入数字,也可以单击微调按钮来调整数字。

(3)单击"确定"按钮,完成工作表数量的设置。

2.插入工作表

设置工作表数量可在创建新的工作簿时增加工作表数量,也可通过插入工作表的方法增加工作表的数量。

操作步骤如下:

(1)在工作表标签中选择某一工作表,如 Sheet3。

(2)单击"插入"菜单下的"工作表"命令,即可插入一个新工作表。

除此之外,右击工作表标签,然后在弹出的快捷菜单中单击"插入"菜单项,打开"插入"对话框,如图 5—26 所示。

在此对话框的"常用"选项卡中,选中"工作表"选项,单击"确定"按钮,也可插入工作表。

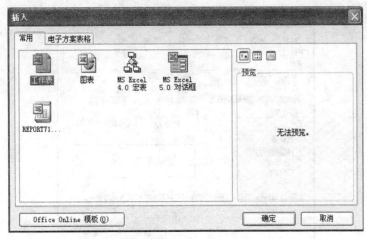

图 5-26　插入工作表

3.删除工作表

操作步骤如下：

(1)选择要删除的工作表。

(2)单击"编辑"菜单下的"删除工作表"，即可将所选择的工作表删除。

右击需要删除的工作表，在弹出的快捷菜单中单击"删除"菜单项也可删除所选择的
工作表。

4.重命名工作表

默认的工作表名通常是 Sheet1、Sheet2、Sheet3 等。为了便于区分与记忆，可重命名
工作表。

操作步骤如下：

双击相应的工作表标签，或者右击工作表标签，在快捷菜单中选择"重命名"使工作
表名称变成文本对象，重新输入或修改工作表名称，如图 5-27 所示。

图 5-27　重命名工作表

5.工作表格式设置

(1)设置文本格式。

可以通过 Excel 提供的工具改变单元格中的文本格式，这些格式包括所用字体、字号
和字体颜色等。

操作步骤如下：

①在工作表中选择要调整文本格式的单元格或单元格区域。

②单击"格式"菜单下的"单元格"命令，打开"单元格格式"对话框，利用"字体"选项
卡完成对文本格式的设置，如图 5-28 所示。

图5-28 "字体"选项卡

使用"单元格格式"对话框的"字体"选项卡还可以设置文本颜色以及上标、下标等特殊效果。

（2）设置数字格式。

在Excel中，可以设置单元格中的数字格式，包括货币格式、小数点后留一位格式、百分比、日期以及自定义等格式。

操作步骤如下：

①选取要重新设置数字格式的单元格或单元格区域。

②单击"格式"菜单下的"单元格"菜单项，打开"单元格格式"对话框，利用"数字"选项卡完成对数字格式的设置，如图5-29所示。

图5-29 "数字"选项卡

（3）设置对齐方式。

在单元格中，所有文本默认为左对齐，数字、日期和时间默认为右对齐。

在"对齐"选项卡可以完成水平对齐、垂直对齐、垂直文本和旋转文本和合并单元格等操作，如图 5－30 所示。

操作步骤如下：

①选取需要改变对齐方式的单元格或单元格区域。

②根据设置需要，单击相应的对齐按钮。

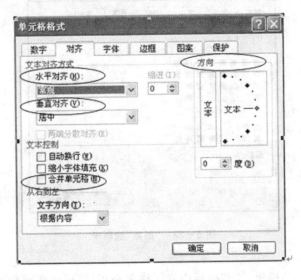

图 5－30　"对齐"选项卡

（4）设置边框。

操作步骤如下：

①选择要设置边框的单元格区域。

②单击"格式"菜单下的"单元格"命令，选择"边框"选项卡，如图 5－31 所示。

图 5－31　"边框"选项卡

（5）设置图案。

操作步骤如下：

①选择要设置边框的单元格区域。

②单击"格式"菜单下的"单元格"命令，选择"图案"选项卡，如图5-32所示。

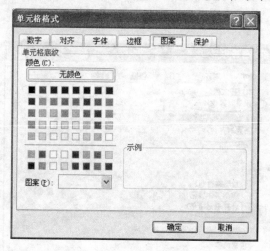

图5-32 "图案"选项卡

（6）使用模板

Excel提供了一些模板，这些模板内置了许多格式，使用这些模板可以创建用户所需要的工作簿。

操作步骤如下：

①单击"文件"菜单下的"新建"命令，打开"新建工作簿"窗格，如图5-33所示。

②单击"本机上的模板"选项，弹出"模板"对话框，如图5-34所示。选择需要的模板，单击"确定"按钮，根据需要在模板中输入自己的数据。

图5-33 "新建工作簿"窗格

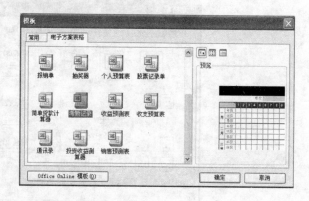

图5-34 "模板"对话框

（7）条件格式。

在工作表中，如果想突出显示一些满足特定条件的单元格，则可以通过设置条件格式来实现。

【例 3】　利用条件格式,将如图 5—35 所示的 Sheet1 工作表表格中介于 60000 与 90000 之间的数据设置为浅紫色底纹。

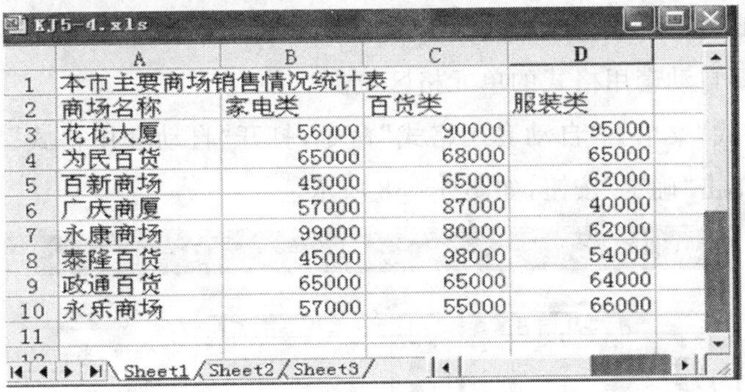

图 5—35　数据窗口

操作步骤如下:

①选取需要设置条件格式的单元格区域。

②单击"格式"菜单下的"条件格式"命令,打开"条件格式"对话框,如图 5—36 所示。

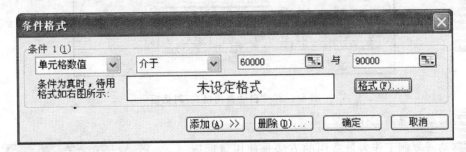

图 5—36　"条件格式"对话框

③在文本框中输入介于、60000 和 90000,单击"格式"按钮,在"单元格格式"对话框的"图案"选项卡选取相应的颜色,单击"确定"按钮,即可完成该设置。效果如图 5—37 所示。

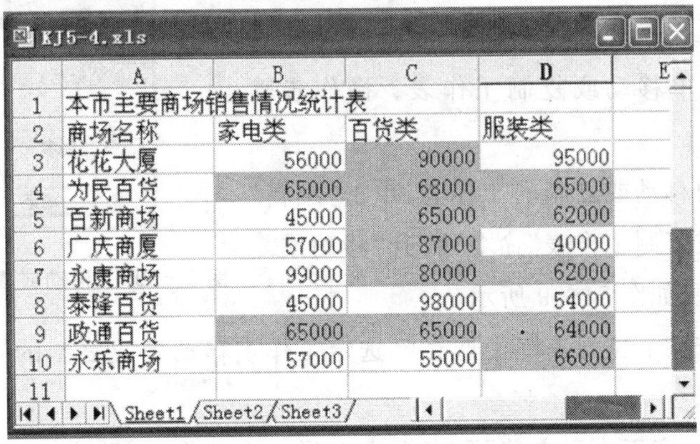

图 5—37　设置后的数据格式窗口

6.自动套用格式

利用 Excel 提供的自动套用格式工具,可以美化工作表。

操作步骤如下:

(1)选择需要自动套用格式的单元格区域。

(2)单击"格式"菜单下"自动套用格式"命令,打开"自动套用格式"对话框。选择一种需要的格式,单击"确定"按钮,如图5-38所示。

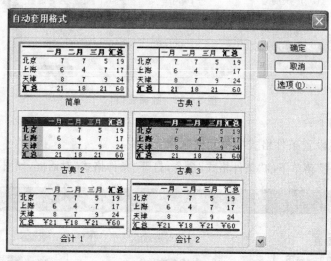

图5-38 "自动套用格式"对话框

7.移动或复制工作表

移动或复制工作表最常用的方法是使用鼠标拖放操作。在工作表标签中,选中需要移动的工作表,按住鼠标左键,沿着标签栏拖动到目的位置并释放鼠标即可。如果在移动工作表时按住"Ctrl"键,将复制选中的工作表。

也可使用菜单移动或复制工作表。操作步骤如下:

(1)选中需要移动或复制的工作表,单击"编辑"菜单下的"移动或复制工作表"命令,打开"移动或复制工作表"对话框,如图5-39所示。

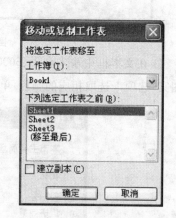

图5-39 "移动或复制工作表"对话框

(2)在"工作簿"下拉列表框中选择将选定工作表移动到或复制的工作簿名,默认设置是当前工作簿。

(3)在"下拉选定工作表之前"列表框中选择一个工作表,选定的工作表将移动到或复制到此工作表的前面。

(4)如果需要复制工作表,则选中"建立副本"复选框,单击"确定"按钮,即可移动或复制工作表。

8.保护工作表

保护工作表可以防止未授权的用户访问工作表。操作步骤如下：

(1)选中需要保护的工作表。

(2)单击"工具"菜单下的"保护"子菜单,选择"保护工作表"命令,打开"保护工作表"对话框。

(3)在文本框中输入设置的密码,单击"确定"按钮,如图 5-40 所示.

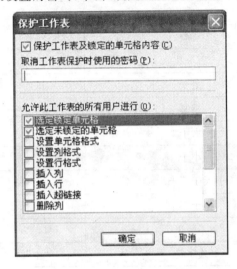

图 5-40　"保护工作表"对话框

5.5　Excel 的公式和函数

在 Excel 2003 中,使用公式和函数可对工作表中的数据进行处理和分析,例如,对工作表数据进行求和、求平均数、求随机数等运算。

5.5.1 Excel 的公式

1.运算符

运算符即一个标记或符号,指定表达式内执行计算的类型。在 Excel 2003 中有下列 4 类运算符,具体内容见表 5-1 所示。

(1)算术运算符:用于完成基本数学运算的运算符,如加、减、乘、除等,它们用于连接数字,计算后产生结果。

(2)比较运算符:用于比较两个数值大小关系的运算符,使用这种运算符计算后将返

回逻辑值 TRUE 或 FALSE。

(3)文本运算符:使用符号 & 加入或连接一个或多个文本字符串以产生一串文本。

(4)引用运算符:用于对单元格区域进行合并计算。

表 5－1　运算符

运算符	含义	示例
＋	加	8＋2
－	减	8－2
＊	乘	8＊2
／	除	8/2
％	百分比	86％
＝	等于	A1＝B2
＾	乘幂	8＾2
＞	大于	A1＞B2
＜	小于	A1＜B2
＞＝	大于等于	A1＞＝B2
＜＝	小于等于	A1＜＝B2
＜＞	不等于	A1＜＞B2
&	连字符	"中"&"国",结果为"中国"
：	区域运算符,对两个引用之间包括这两个引用在内的所有单元格进行引用	A2:D2 表示引用从 A2 到 D2 的所有单元格
,	联合运算符,将多个引用合并为一个引用	SUM(A1:D1,B1:F1)表示引用 A1:D1 和 B1:F1 两个单元格区域
空格	交叉运算符,产生同时属于两个引用的单元格区域	SUM(A1:D1 B1:B5)表示引用相交叉的 B1 单元格

2.输入公式

Excel 公式必须以等号(＝)开始,如果在单元格中输入内容的第一个字符是等号,那么 Excel 就认为输入的内容是一个等式。

输入公式最简单的方法是使用键盘直接输入。操作步骤如下:

(1)选取要输入公式的单元格。

(2)在编辑栏直接输入公式"＝E3＋F3－G3－H3",如图 5－41 所示。

(3)单击编辑栏左侧的"输入"按钮 或按"Enter"键,即可完成公式的输入。

3.复制公式

在 Excel 中,除了可以复制单元格数据外,还可以对输入的公式进行复制。

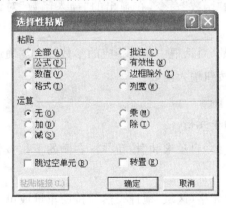

图 5-41　"公式"计算窗口

操作步骤如下：

(1)选中需要复制公式所在的单元格。

(2)单击"编辑"菜单下的"复制"命令。

(3)选取需要粘贴公式的目标单元格。

(4)单击"编辑"菜单下的"选择性粘贴"命令,打开"选择性粘贴"对话框,如图 5-42 所示。

图 5-42　"选择性粘贴"对话框

(5)选中"公式"单选按钮。

(6)单击"确定"按钮,完成公式的复制,此时单元格自动显示公式的计算结果。

5.5.2 Excel 的函数

Excel 2003 提供了大量的内置函数,这些函数分为 9 大类共 300 多个,包括:统计函数、数学与三角函数、逻辑函数、文本函数、日期与时间函数、数据库函数、财务函数、查找与引用函数和信息函数等。

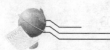

1.函数的一般格式

函数的一般格式为:函数名(参数1,参数2,……,参数 n)。

【例4】

＝sum(20,30,40) 表示:对 20、30、40 三个数值进行求和。

＝sum(a5,a7,b8) 表示:对 a5,a7,b8 单元格的数据进行求和。

＝average(b6:k13)表示:对 b6:k13 区域的数据进行求平均值。

2.函数的输入方法

在输入函数时,可以使用如下三种方法之一。

(1)使用键盘直接输入函数。

操作步骤如下:

①选定要输入函数的单元格。

②输入:＝函数名(参数1,参数2,……,参数 n)

③按"Enter"键或单击编辑栏上的 ☑。

(2)使用"插入函数"对话框输入函数。

操作步骤如下:

①选定要输入函数的单元格。

②单击"插入"菜单的"函数"命令,在弹出的"插入函数"对话框中选择相应的函数,单击"确定"按钮。

③在弹出的"函数参数"对话框中输入相应的参数,单击"确定"按钮。

(3)使用"自动求和"按钮输入函数。

操作步骤如下:

①选定要输入函数的单元格。

②单击常用工具栏上的"自动求和"按钮 Σ﹢ 右侧的下拉按钮,选择"自动求和按钮"列表下所需的函数。

③选择参数所在的单元格(区域)地址。然后按回车键或单击编辑栏上的 ☑ 。

3.函数的使用

(1)统计函数。

统计工作表函数用于对数据区域进行统计分析。

1)利用 SUM 函数计算总和。SUM 函数用于计算所有参数的算术平均值,其语法格式为:

＝sum(单元格地址1:单元格地址2),如图5—43所示。

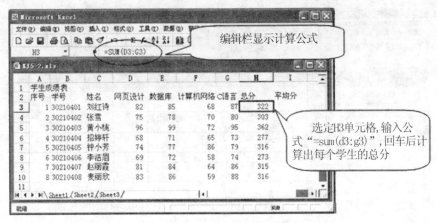

图 5-43 "SUM"函数的应用

2)利用 AVERAGE 函数计算平均值。AVERAGE 函数用于计算所有参数的算术平均值,其语法格式如下:

＝average(单元格地址 1:单元格地址 2),如图 5-44 所示。

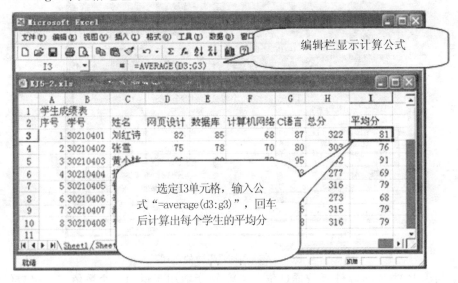

图 5-44 "AVERAGE"函数的应用

3)利用 MAX 函数计算数值的最大值。MAX 函数用于计算数据集中的最大值,其语法格式为:

＝max(单元格地址 1:单元格地址 2),如图 5-45 所示。

4)利用 MIN 函数计算数值的最小值。MIN 函数用于计算数据集中的最小值,其语法格式为:

＝min(单元格地址 1:单元格地址 2),如图 5-46 所示。

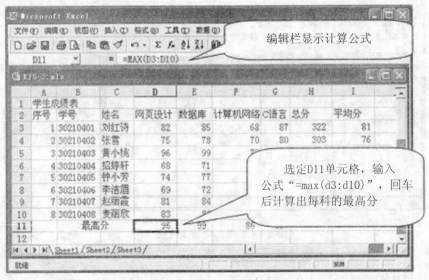

图 5-45 "MAX"函数的应用

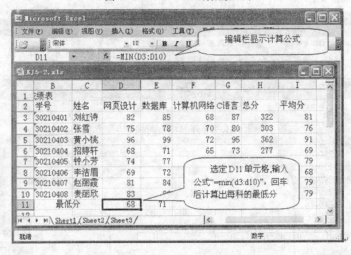

图 5-46 "MIN"函数的应用

5)利用 RANK 函数计算数据排位。RANK 函数用于返回一个数值在一组数值中的排位,其语法格式如下:

=rank(number,ref,order)

其中,number 代表数值;ref 代表数值的范围;order 用来指定排序方式。如果 order 的值为 0 或省略,则表示进行降序排列;否则为升序排列,如图 5-47 所示。

(2)财务函数。

1)利用 PMT 函数计算贷款的每期付款额。PMT 函数基于固定利率及等额分期付款方式返回贷款的每期付款额,其语法格式如下:

PMT(rate,nper,pv,fv,type)

其中,rate 为贷款利率;nper 为该项贷款的付款总数;pv 为现值(也称为本金);fv 为

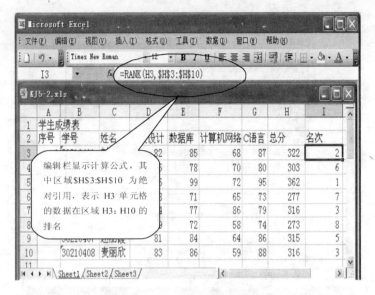

图 5-47 "RANK"函数的应用

在最后一次付款后希望得到的现金余额;type 指定各期的付款时间在期初还是期末(1 为期初,0 为期末)。该函数主要用来计算固定利率下贷款的等额分期偿还额。

【例 5】 数据如图 5-48 所示。利用模拟运算表来进行单变量问题分析,运用 PMT 函数,实现通过"年利率"的变化计算"月偿还额"的功能。

图 5-48 数据表窗口

操作步骤如下:

①光标定位 E3 单元格。

②单击"插入"菜单下的"函数"命令,弹出"粘贴函数"对话框,在"函数分类"列表框选择"财务",在函数名列表框选择"PMT",如图 5-49 所示。

③单击"确定"按钮,将弹出"PMT"对话框,在 Rate 文本框中输入"C5/12",在 Nper 文本框中输入"C6",在 Pv 文本框中输入"C4",如图 5-50 所示。

④单击"确定"按钮,即可求出计算结果。

⑤选中 D3:E8 单元格区域,单击"数据"菜单下的"模拟运算表"命令,打开"模拟运算表"对话框,如图 5-51 所示。

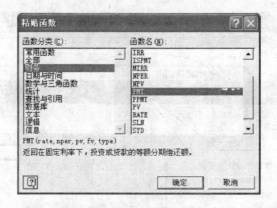

图5-49 "粘贴函数"对话框

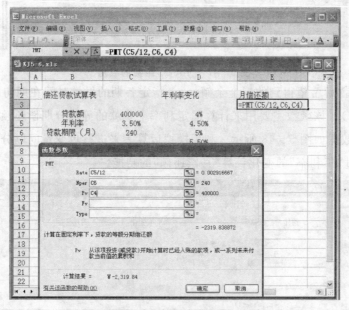

图5-50 "PMT"对话框

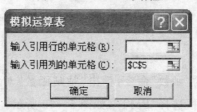

图5-51 "模拟运算表"对话框

⑥在"输入引用列的单元格"文本框输入"C5",单击"确定"按钮。计算结果如图5-52所示。

2)利用FV函数计算固定利率的未来值。FV函数基于固定利率及等额分期付款方式返回某项投资的未来值,其语法格式如下:

FV(rate,nper,pmt,pv,type)

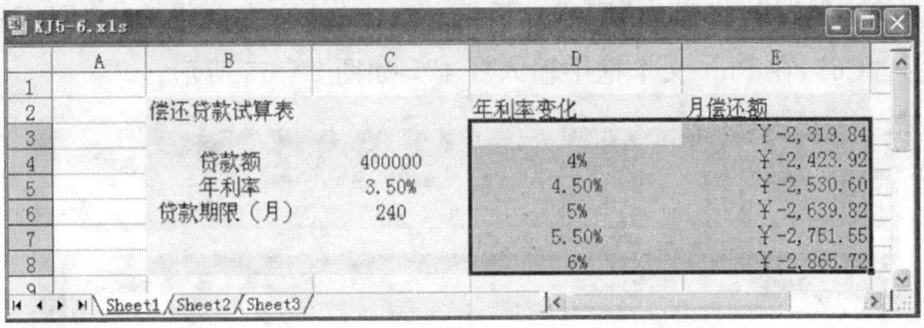

图 5-52 计算结果

其中,rate 为各期利率;nper 为总投资期(即该项投资的付款期总数);pmt 为各期所应支付的金额;pv 为现值(也称为本金);type 为数字 0 或 1,如果值为 0 或省略则代表期末,如果值为 1 则代表期初。

【例 6】 数据如图 5-53 所示。利用模拟运算表来进行单变量问题分析,运用 FV 函数,实现通过"每月存款额"的变化计算"最终存款额"的功能。

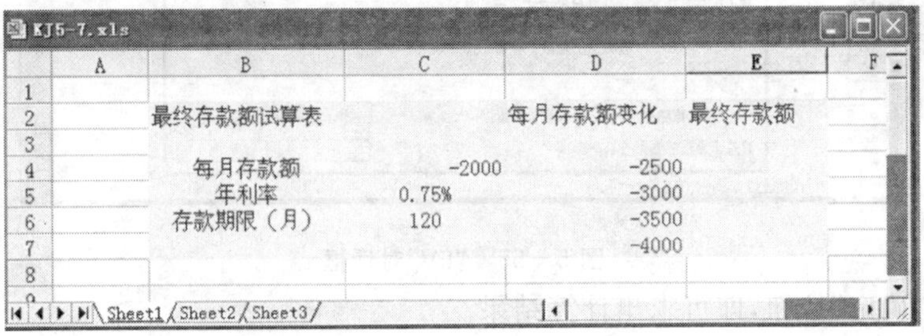

图 5-53 数据表窗口

操作步骤如下:

①光标定位 E3 单元格。

②单击"插入"菜单下的"函数"命令,弹出"粘贴函数"对话框,在"函数分类"列表框选择"财务",在函数名列表框选择"FV",如图 5-54 所示。

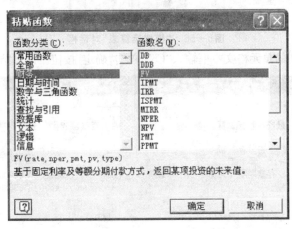

图 5-54 "粘贴函数"对话框

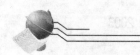

③单击"确定"按钮,将弹出"FV"对话框。在 Rate 文本框中输入"C5/12",在 Nper 文本框中输入"C6",在 Pmt 文本框中输入"C4",如图 5－55 所示。

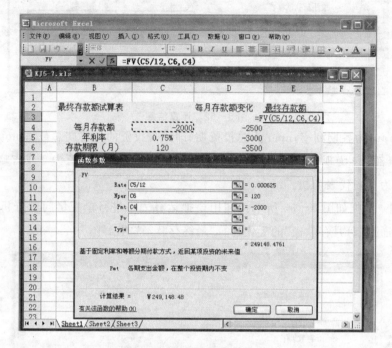

图 5－55 "FV"对话框

④单击"确定"按钮,即可求出计算结果。

⑤选中 D3:E7 单元格区域,单击"数据"菜单下的"模拟运算表"命令,打开"模拟运算表"对话框,如图 5－56 所示。

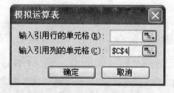

图5－56 "模拟运算表"对话框

⑥在输入引用列的单元格文本框输入"C5",单击"确定"按钮。计算结果如图 5－57 所示。

图 5－57 数据表窗口

（3）逻辑函数。

利用 IF 函数按条件返回值。IF 函数执行逻辑判断，它可以根据逻辑表达式的真假返回不同的结果，从而执行数值或公式的条件检测任务，该函数广泛用于需要进行逻辑判断的场合。其语法结构如下：

＝if(logical_test,value_if_true,value_if_false)

其中，logical_test 为计算结果为 TRUE 或 FALSE 的任何数值或表达式；value_if_true 是 logical_test 为 TRUE 时函数的返回值；value_if_false 是 logical_test 为 FALSE 时函数的返回值，如图 5－58 所示。

图 5－58　"IF" 函数的应用

5.6　数据管理

5.6.1 排序

Excel 中提供了许多排序方法。排序是指按照字母的升（降）序以及数值顺序来组织数据。

（1）利用工具按钮完成排序。

操作步骤如下：

①光标定位在需排序的字段单元格中。

②单击工具栏的"升序排序"按钮，和"降序排序"按钮。

（2）利用菜单完成排序。

【例7】 使用如图5−59所示工作表表格中的数据,以"平均分"为主要关键字,以"C语言"为次要关键字,以"计算机网络"为第三关键字,以递减顺序排序。

操作步骤如下:

①单击数据区域的任一单元格。

②单击"数据"菜单下的"排序"子菜单,打开"排序"对话框。

在"主要关键字"下拉列表框选择"平均分"选项,并单击后面的"降序"按钮;在"次要关键字"下拉列表框选择"C语言"选项,并单击后面的"降序"按钮;在"第三关键字"下拉列表框选择"计算机网络"选项,并单击后面的"降序"按钮,单击"确定"按钮,如图5−60所示。排序结果如图5−61所示。

图5−59 工作表数据

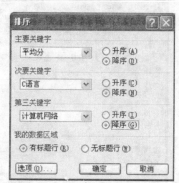

图5−60 "排序"对话框

图5−61 "排序"结果

5.6.2 数据筛选

查找数据库中满足条件的记录可使用数据筛选的方法来完成。筛选是查找和处理数据清单中数据子集的快捷方法。Excel 提供了两种数据筛选方法：一种是自动筛选，包括按选定内容筛选，适用于简单条件；另一种是高级筛选，适用于复杂条件。

1. 自动筛选

【例8】 使用如图 5-62 所示的工作表数据，筛选出"平均分"一列为 80 分以上的记录。

操作步骤如下：

(1) 光标定位在数据区域的任一单元格。

(2) 单击"数据"菜单下的"筛选"子菜单下的"自动筛选"命令，如图 5-62 所示。

图 5-62 "自动筛选"窗口

(3) 单击"平均分"字段的下拉列表框，选择"自定义"选项，打开"自定义自动筛选方式"对话框，如图 5-63 所示。

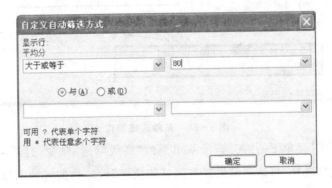

图 5-63 "自定义自动筛选方式"对话框

（4）在"平均分"下拉列表框选择"大于或等于"选项；在右边下拉列表框输入"80"，单击"确定"按钮，即求出筛选结果，如图 5－64 所示。

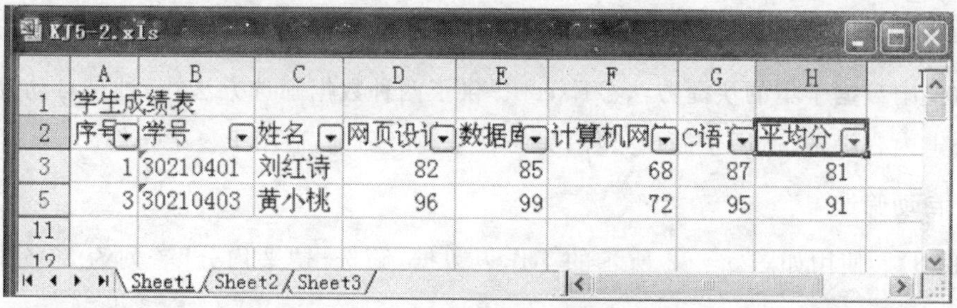

图 5－64　"自动筛选"结果

2.高级筛选

高级筛选与自动筛选一样筛选数据库的记录，但不显示列的下拉列表框，而是在数据库中单独的条件区域中输入筛选条件。

【例 9】　使用图 5－59 所示的工作表数据，筛选出各科成绩都达 60 分以上的记录。筛选结果放在 A17 单元格。

操作步骤如下：

（1）在 B13 单元格输入筛选条件，如图 5－65 所示。

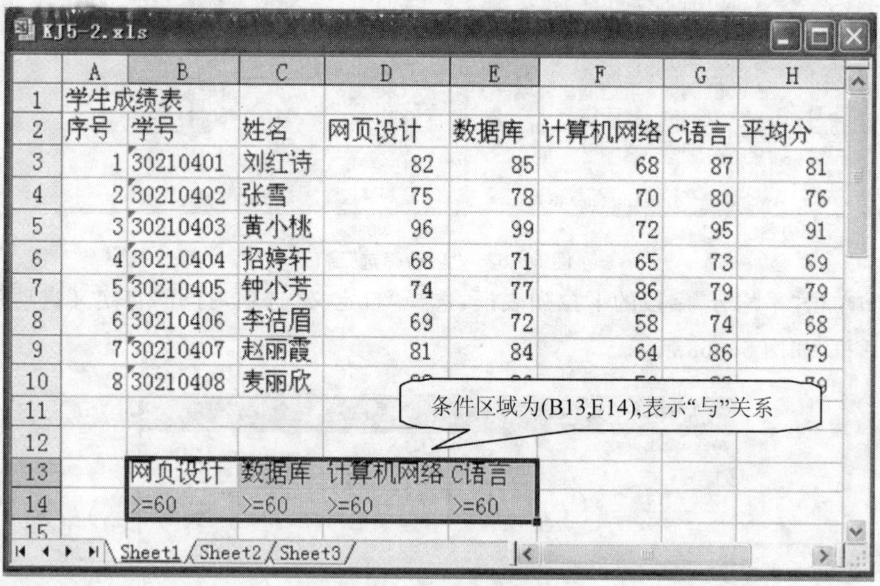

图 5－65　条件区域窗口

（2）单击"数据"菜单下的"筛选"子菜单下的"高级筛选"命令，打开"高级筛选"对话框。在"方式"选项选择"将筛选结果复制到其他位置"；在"数据区域"引用单元格区域选择数据表；在"条件区域"引用单元格区域选择工作表的条件区域；在复制到引用单元格选择输出目标单元格，如图 5－66 所示。

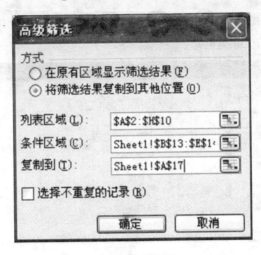

图 5-66　"高级筛选"对话框

（3）单击"确定"按钮，即求出"高级筛选"结果，如图 5-67 所示。

说明：①筛选条件属于如图 5-68 所示的情况，表示筛选出文化程度为"大学本科"而且成绩大于"90"分的记录。

②筛选条件属于如图 5-69 所示的情况，表示筛选出文化程度为"大学本科"，或成绩大于"90"分的记录。

12								
13		网页设计	数据库	计算机网络	C语言			
14		>=60	>=60	>=60	>=60			
15								
16	序号	学号	姓名	网页设计	数据库	计算机网络	C语言	平均分
17	1	30210401	刘红诗	82	85	68	87	81
18	2	30210402	张雪	75	78	70	80	76
19	3	30210403	黄小桃	96	99	72	95	91
20	4	30210404	招婷轩	68	71	65	73	69
21	5	30210405	钟小芳	74	77	86	79	79
22	7	30210407	赵丽霞	81	84	64	86	79
23								

图 5-67　"高级筛选"结果

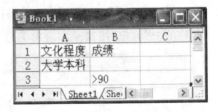

图 5-68　"筛选条件为与关系"窗口　　　　图 5-69　"筛选条件为或关系"窗口

5.6.3 分类汇总

分类汇总是将某列数据分类，然后进行汇总的统计方法。

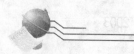

【例10】 使用如图5-70所示的工作表,以"部门名称"为分类字段,以"基本工资"为汇总项,进行"平均值"分类汇总。

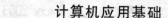

	A	B	C	D	E	F	G	H	I
1	信息系12月教师工资条								
2	编号	姓名	性别	部门名称	职称	基本工资	奖金	房租	水电
3	D001	何建仪	女	机电系	助教	1200	421	78	86
4	D002	梁健强	男	信息系	讲师	1500	355	58	85
5	D003	吴金兵	男	机电系	助教	1200	263	67	94
6	D004	李怡仪	女	信息系	副教授	2000	647	96	103
7	D005	肖爱婉	女	外语系	讲师	1500	256	56	78
8	D006	李坚弟	男	外语系	讲师	1500	378	67	142
9	D007	丁菊香	女	机电系	副教授	2000	456	85	68
10	D008	温守安	男	机电系	助教	1200	289	49	108
11	D009	郑业明	男	信息系	讲师	1500	412	58	85
12	D010	吴耀华	男	外语系	讲师	1500	335	75	73
13									
14									

图5-70 数据表窗口

操作步骤如下:

(1)先定位D2单元格,对"部门名称"进行排序。

(2)单击"数据"菜单下的"分类汇总"命令,打开"分类汇总"对话框。

(3)在"分类字段"下拉列表框选择"部门名称"选项;在"汇总方式"下拉列表框选择"平均值"选项;在"选定汇总项"下拉列表框选择"基本工资",如图5-71所示。

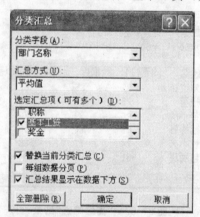

图5-71 "分类汇总"对话框

(4)单击"确定"按钮。即求出汇总结果,如图5-72所示。

1 2 3		A	B	C	D	E	F	G	H	I
	1	信息系12月教师工资条								
	2	编号	姓名	性别	部门名称	职称	基本工资	奖金	房租	水电
	6				信息系 平均值		1666.667			
	10				外语系 平均值		1500			
	15				机电系 平均值		1400			
	16				总计平均值		1510			
	17									

图5-72 "分类汇总"结果窗口

在默认情况下,数据按三级显示,可以通过单击工作表左侧的分级显示区上方的 1 、2 、3 3 个按钮进行分级显示控制。在图 5—72 中,单击按钮 1 ,工作表中将只显示列标题和总计结果;单击按钮 2 工作表中将显示各个分类汇总结果和总计结果;单击按钮 3 将显示所有的详细数据。

分级显示区中有"＋"、"－"分级显示按钮。单击"＋"按钮,表示工作表中数据的显示由高一级向低一级展开;单击"－"按钮,表示工作表中数据的显示由低一级向高一级折叠。

当不需要分类汇总表时,单击"数据"菜单中的"分类汇总"命令,在打开的"分类汇总"对话框中选择"全部删除"按钮,恢复工作表。

5.6.4 合并计算

将一些分散的数据整理成一份完整的表格,这是一个将多个数据库合并成一个数据库、同时对其中的数据进行统计的操作。合并数据库的方法有两个,一个是使用 Excel 合并计算功能,还可以用公式计算的方法进行合并数据库的操作。

【例 11】　使用如图 5—73 所示的工作表数据,将甲乙两部门的数据进行求和合并计算,并将标题设置为"第 3 季度销售总表"。

图 5—73　数据表窗口

	A	B	C	D	E
1	甲部门第3季度销售统计表				
2	名称	7月	8月	9月	
3	冰箱	52414	35417	21470	
4	空调	87410	54712	32541	
5	洗衣机	35412	25412	15875	
6	微波炉	58412	32541	57412	
7	电视	58749	65784	25748	
8					
9					
10					
11					
12					
13	乙部门第3季度销售统计表				
14	名称	7月	8月	9月	
15	冰箱	45871	47821	57481	
16	空调	87410	54712	32541	
17	洗衣机	35412	25412	15875	
18	微波炉	85471	68574	35481	
19	电视	58749	65964	25748	
20					

操作步骤如下:

(1)先把光标定位到需要输出合并计算结果的单元格中,本例定位到 F2 单元格。

(2)单击"数据"菜单下的"合并计算"命令,打开"合并计算"对话框,如图 5—74 所示。

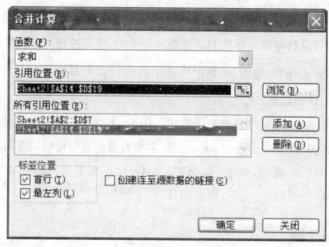

图 5-74 "合并计算"对话框

（3）在函数列表框选择"求和"项。

（4）单击"引用"按钮 🔳，选择甲部门销售统计表的 A2：D7 单元格区域，单击"添加"按钮，则单元格区域显示在"所有引用位置"列表框。

（5）重复步骤（4），把乙部门销售统计表的 A14：D19 单元格区域添加到"所有引用位置"列表框中。

（6）在"标签位置"选择"首行"和"最左列"复选框，单击"确定"按钮，即完成"合并计算"，如图 5-75 所示。

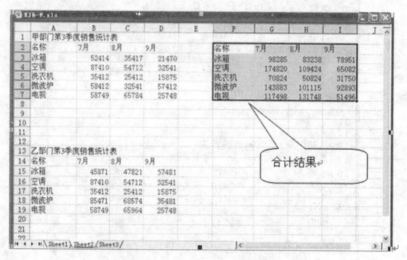

图 5-75 "合计计算"结果窗口

5.6.5 数据透视表

数据透视表实际上是从数据库中生成的动态总结报告，最大的特点是其交互性。创建数据透视表后，可以任意地重新排列数据信息，并根据需要对数据进行分组。

【例 12】 使用图 5—76 所示的工作表数据,以"级别"为分页,以"单位"为列字段,以"实验室名称"为行字段,以"学校拨款"、"国家拨款"和"自筹资金"为求和项,在工作表的 B12 单元格建立数据透视表。

	A	B	C	D	E	F
1	实验室名名称	级别	单位	学校拨款	国家拨款	自筹资金
2	数控实验室	国家重点	数据系	3400000	2600000	3100000
3	计算机硬件实验室	市重点	计算系	2500000	1200000	2200000
4	计算机软件实验室	国家重点	计算系	3000000	4100000	1100000
5	汽车实验室	市重点	汽车系	1700000	500000	5000000
6						
7						
8						

图 5—76 数据表

操作步骤如下:

(1)单击"数据"菜单中的"数据透视表"命令或单击"数据透视表"工具栏中"数据透视表向导"按钮 ,弹出"数据透视表"向导第一步对话框,如图 5—77 所示。

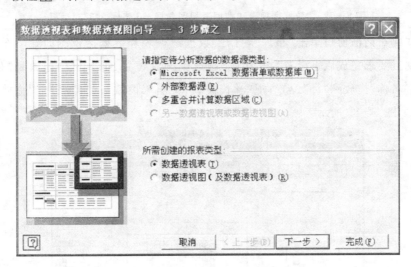

图 5—77 "数据透视表和数据透视图向导-3 步骤之 1"对话框

(2)设置"数据透视表"向导第一步对话框。在此对话框中指定分析数据的数据源类型和创建的报表类型。完成设置后单击"下一步"按钮,进入"数据透视表"向导第二步对话框,如图 5—78 所示。

(3)在"数据透视表"向导第二步对话框添加数据区域,单击"下一步",进入"数据透视表"向导第三步对话框,如图 5—79 所示。

图 5－78 "数据透视表和数据透视图向导－3 步骤之 2"对话框

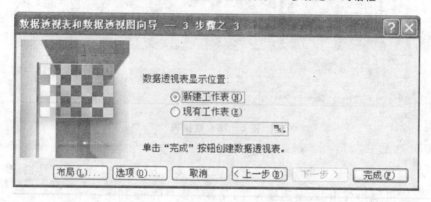

图 5－79 "数据透视表和数据透视图向导－3 步骤之 3"对话框

（4）在此对话框窗口单击"布局"，打开"数据透视表和数据透视图向导－布局"对话框，根据题目要求完成以下设置：把"级别"拖放到"页"位置；把"单位"拖放到"列"位置；把"实验室名称"拖放到"行"位置；把"学校拨款"、"国家拨款"、"自筹资金"拖放到"数据区"位置，如图 5－80 所示。

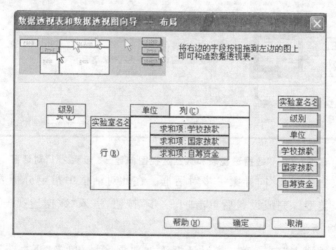

图 5－80 "数据透视表和数据透视图向导－布局"对话框

（5）单击"确定"按钮，返回到"数据透视表和数据透视图向导－3 步骤之 3"对话框，在"数据透视表显示位置"选择"现有工作表"项，并利用引用按钮选定输出位置，如图 5－81所示。

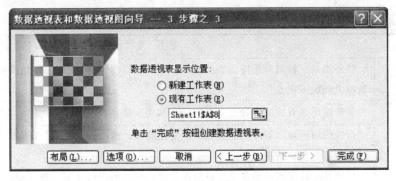

图 5-81　"数据透视表和数据透视图向导-3 步骤之 3"对话框

（6）单击"完成"按钮，即完成"数据透视表"计算，结果如图 5-82 所示。

			单位			
8	级别	(全部)				
10			单位			
11	实验室名称	数据	计算系	汽车系	数据系	总计
12	计算机软件实验室	求和项:学校拨款	3000000			3000000
13		求和项:国家拨款	4100000			4100000
14		求和项:自筹资金	1100000			1100000
15	计算机硬件实验室	求和项:学校拨款	2500000			2500000
16		求和项:国家拨款	1200000			1200000
17		求和项:自筹资金	2200000			2200000
18	汽车实验室	求和项:学校拨款		1700000		1700000
19		求和项:国家拨款		500000		500000
20		求和项:自筹资金		5000000		5000000
21	数控实验室	求和项:学校拨款			3400000	3400000
22		求和项:国家拨款			2600000	2600000
23		求和项:自筹资金			3100000	3100000
24	求和项:学校拨款汇总		5500000	1700000	3400000	10600000
25	求和项:国家拨款汇总		5300000	500000	2600000	8400000
26	求和项:自筹资金汇总		3300000	5000000	3100000	11400000

图 5-82　"数据透视表"窗口

5.7　图表

　　Excel 2003 提供了强大的图表和图形功能，使用这些图表和图形功能，可以更直观地显示工作表数据，从而便于数据的理解。图表类型如柱形图、条形图、折线图、饼图、XY（散点）图、面积图、圆环图、雷达图、气泡图、股价图、曲面图、散点图、锥形图、圆形图、棱锥图等，每种图表类型又都有几种不同的子类型。此外，Excel 还提供了约 20 种自定义图表类型，如表 5-2 所示。

表 5-2　图表类型

图表类型	含　义
柱形图	柱形图是一种最常用的图表类型,用于显示一段时间内数据的变化或描述各项目数据之间的不同
条形图	条形图可以看成顺时针旋 90°的柱形图,用于描述各项目数据之间的差别情况
折线图	折线图用于显示等时间间隔数据的变化趋势。使用折线图,可以清晰地显示出同一组数据的变化情况
饼图	饼图显示数据系列中各项目数据在总体数据中的比例关系。使用饼图,可以很清晰地反映出各种所占的比例
XY(散点)图	XY(散点)图类似于折线图,用于显示某个或多个数据系列的数据在某种间隔条件下的变化趋势
面积图	面积图用于显示每个数据的变化量,强调数据随时间变化的幅度。通过显示数据的总和,可以直观地表现出整体与总部关系
圆环图	圆环图类似于饼图,用于显示数据之间的比例关系,但圆环图可以包含多个数据系列
雷达图	雷达图用于显示数据系列相对于中心点以及相对于彼此数据类别之间的变化。在雷达图中,每一个分类都拥有自己的数字坐标轴,这些坐标轴由中心向外辐射并用折线将同一系列的数据连接起来
曲面图	曲面图用于显示数值的变化情况和趋势,颜色和图案用来指出在同一取值范围内的区域
气泡图	气泡图可以看成是特殊类型的 XY(散点)图,是在 XY(散点)图基础上附加了数据系列的图表
股价图	股价图用来显示股票走势

在创建图表时,可以根据不同的需要选用适当的图表类型。

5.7.1 创建图表

Excel 2003 可以使用两种方法来创建图表:一是使用"图表"工具栏,二是使用图表向导。

【例 13】 使用如图 5-83 所示的 Sheet1 工作表数据,在 Sheet1 工作表中创建一个簇状柱形图。

操作步骤如下:

(1)选定需要建立图表的数据单元格区域,如图 5-83 所示。

(2)单击"插入"菜单下的"图表"命令(或直接单击"常用"工具栏上的"图表向导"按钮），弹出"图表向导-4 步骤之1-图表类型"对话框,如图 5-84 所示。

(3)在对话框的"标准类型"选项卡中选择"图表类型"为"柱形图",在"子图表类型"中选择簇状柱形图。鼠标左键按住"按下不放可查看示例"按钮,将在"子图表类型"区看到预览图。选择好图表类型及子图表类型之后单击"下一步"按钮,进入"图表向导－4步骤之2－图表源数据"对话框,如图5－85所示。

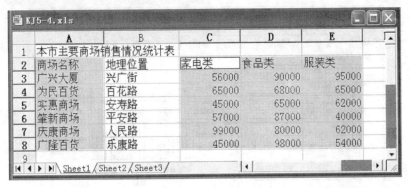

图5－83　数据表

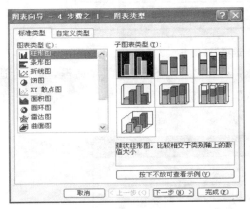

图5－84　"图表类型"对话框

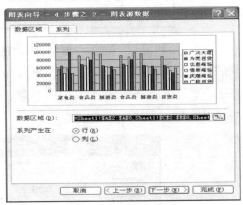

图5－85　"图表源数据"对话框

(4)"图表向导－4步骤之2－图表源数据"对话框中,单击"数据区域"选项卡,从中可以看到"数据区域"编辑框内已设置好了选定的单元格区域(如果预先没有选取数据区域或已选取的区域有错误,在此外可以单击"折叠"按钮重新选取数据区域),根据图表需要在"系列产生在"选项组中选择系列产生的方向是"行"还是"列",本例选择系列产生在"行"。

(5)单击"下一步"按钮进入"图表向导－4步骤之3－图表选项"对话框,如图5－86所示。

①选择"标题"选项卡,设置图表标题和坐标轴标题。

②选择"坐标轴"选项卡,设置主坐标轴的分类方式。

③选择"网格线"选项卡,设置分类轴、系列轴、数值轴的网格线。

④选择"图例"选项卡,设置图例在图表中的位置,在预览区即可看到图例所在的大体位置。

⑤选择"数据标志"选项卡,设置在图表中是否加入数据标志的显示值,在预览框内可

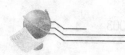

看到效果。

⑥选择"数据表"选项卡,设置"显示数据表",设定后将在图表的下端显示数据表。

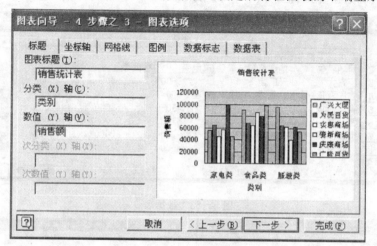

图5-86 "图表选项"对话框

(6)单击"下一步"按钮,打开"图表向导-4步骤之4-图表位置"对话框,选择合适的图表位置。本例选择"作为其中的对象插入",如图5-87所示。单击"完成"按钮,如图5-88所示。

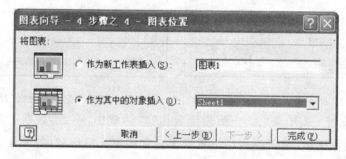

图5-87 "图表位置"对话框

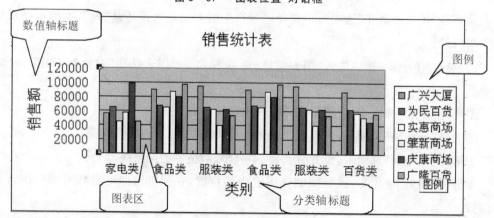

图5-88 图表样例

5.7.2 更改图表类型

Excel 提供了很多不同的图表类型,用户在创建图表后,可以根据需要对图表的类型进行更改。

操作步骤如下:

(1)选择需要更改类型的图表,单击打开"图表"菜单。单击"图表类型"菜单项,如图 5-89所示。

图 5-89 更改图表类型窗口

(2)打开"图表类型"对话框,如图 5-90 所示。

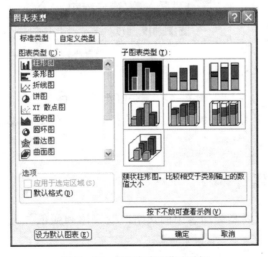

图 5-90 "图表类型"对话框

(3)在"图表类型"对话框完成图表类型的更改后,单击"确定"按钮。

5.7.3 在图表中添加数据

在图表中添加数据的方法有很多,最常用的主要有两种方法:一是通过鼠标拖动,二是使用"添加数据"菜单项。

操作步骤如下:

(1)在工作表中添加所需要的数据,如图5-91所示。

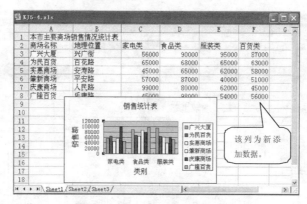

图5-91 添加"百货类"数据窗口

(2)选中图表,在工作表中将显示图表的单元格区域,如图5-92所示。

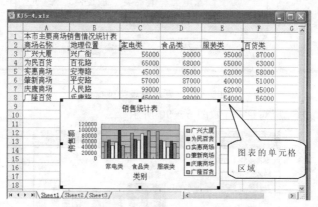

图5-92 显示图表区域窗口

(3)拖动鼠标,将所需要的数据添加到图表单元格区域中,数据将自动添加到图表中,如图5-93所示。

5.7.4 更改图表区格式

更改图表区格式主要是为图表中的文字改变字体和颜色。

操作步骤如下:

(1)右击图表区,弹出"图表区格式"菜单项,如图5-94所示。

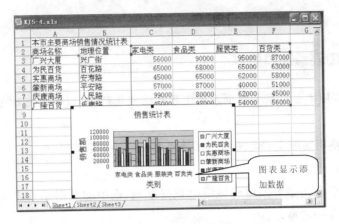

图 5-93　显示添加数据后的图表窗口

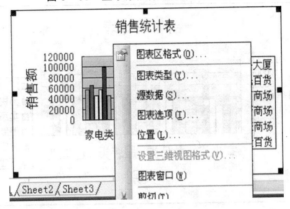

图 5-94　设置图表区格式菜单

（2）单击"图表区格式"菜单项，打开"图表区格式"对话框，如图 5-95 所示。

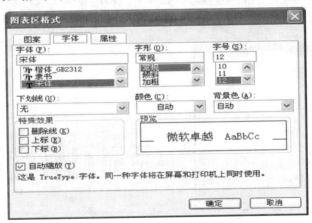

图 5-95　"图表区格式"对话框

（3）在"图表区格式"对话框可以完成"图案"、"字体"、"属性"等设置。

同样，在图表可以更改"图表标题"、"图例"、"分类轴"、"分类轴标题"、"数值轴"、"数值轴标题"等的格式。需要更改时，只要右击相应项，选择"……格式"，打开对话框即可

完成相关设置。

5.7.5 为图表添加趋势线

趋势线主要用来显示某个数据系列中数据的变化趋势,以便清晰地了解数据的变化情况。

【例14】 使用如图5—88所示的图表添加相应的对数趋势线。

操作步骤如下:

(1)在图表中单击需要添加趋势线的数据系列,选中的数据系列上面将显示一个正方形标志,如图5—96所示。

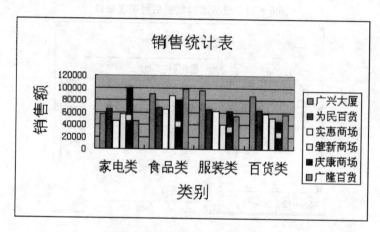

图5—96 显示正方形标志样例

(2)单击"图表"菜单下的"添加趋势线"命令,打开"添加趋势线"对话框,如图5—97所示。

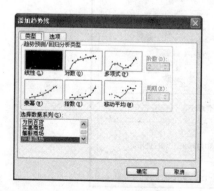

图5—97 "添加趋势线"对话框

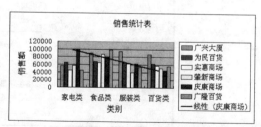

图5—98 显示趋势线样例

(3)在"趋势预测/回归分析类型"列表框中选择"线型"选项,单击"确定"按钮,完成趋势线的添加,如图5—98所示。

5.8 Excel 工作表的打印

在使用 Excel 2003 进行表格处理后,经常需要将工作表的内容打印出来。

5.8.1 设置页面版式

在 Excel 2003 中,每个工作表都有默认的页面版式,也可根据自己的需要修改页面版式。在 Excel 窗口中,单击"文件"菜单的"页面设置"菜单项,打开"页面设置"对话框,如图 5-99 所示。

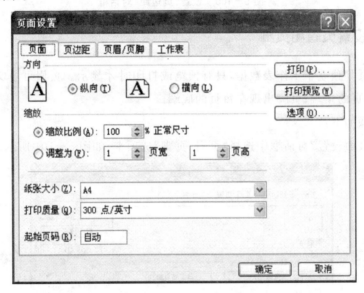

图 5-99 "页面设置"对话框

使用此对话框可进行 Excel 工作表页面版式的设置。

5.8.2 设置页边距

页边距是指页面四周的空白区域。在"页面设置"对话框中选择"页边距"选项卡,如图 5-100 所示。

在"页边距"选项卡的各个数值框中,可以通过单击上下箭头按钮设定各数值的数值,从而决定上、下、左、右、页眉和页脚的边距。

注意:页眉边距必须小于上边距,页脚边距必须小于下边距。

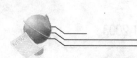

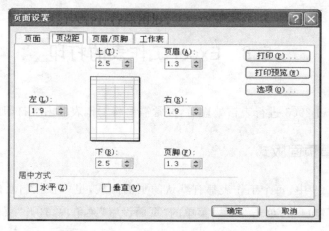

图 5-100　设置"页边距"对话框

5.8.3 设置页眉和页脚

页眉和页脚独立于工作表数据，只有预览或打印时才显示。页眉可由文本或图形组成，出现在每页的顶端；页脚出现在每页的底端。

操作步骤如下：

(1)在"页面设置"对话框中选择"页眉/页脚"选项卡，如图 5-101 所示。

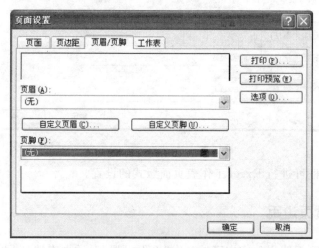

图 5-101　"页眉/页脚"对话框

(2)单击"自定义页脚"按钮，打开"页脚"对话框，如图 5-102 所示。

在此对话框的下面，有"左"、"中"、"右"三个编辑框，分别用于设置页眉的左、中、右三个部分。如在"中"编辑框输入"第 &[页码]页共 &[总页数]页"字样后，单击"确定"按钮，返回到"页面设置"对话框。

注：&[页码]由单击 ⊞ 产生，&[总页数] 由单击 ⊞ 产生。

(3)单击"页脚"下拉列表框右侧的下拉按钮，则弹出"第1页 共?页"选项。

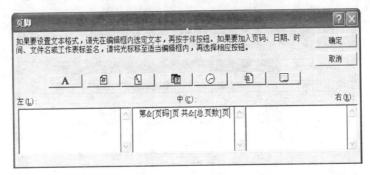

图 5-102　"页脚"对话框

(4)选择"第 1 页 共? 页"项,单击"确定"按钮,则完成"页脚"设置,如图 5－103
所示。

图 5－103　"页眉/页脚"预览效果

5.8.4 设置工作表的打印选项

在使用 Excel 2003 打印工作表时,可以只打印工作表的某个单元格区域。

操作步骤如下:

(1)在"工作表"选项卡中,单击"打印区域"文本框右边的数据范围按钮,在工作表中
选取需要打印的单元格区域,如图 5－104 所示。

(2)单击"打印预览"按钮,可打印预览设置的打印区域,如图 5－105 所示。

图 5—104　选取需要打印的单元格区域

图 5—105　打印区域的打印效果

5.8.5 设置打印标题

当工作表的打印页数大于 1 时,第 2 页以后将不出现顶端标题行或左端标题列。

如果希望打印时每一页中均包含端标题行或左端标题列,可在"工作表"选项卡中进行设置。

【例 15】 使用如图 5—106 所示的工作表,在序号为"9"的单元格下方插入分页符,并设置行打印标题。

操作步骤如下:

(1)选定序号为"9"一行,单击"插入"菜单下的"分页符"命令。

(2)单击"文件"菜单下的"页面设置"命令,选择"工作表"项。

(3)在"顶端标题行"引用框选定打印标题行,如图 5—107 所示。

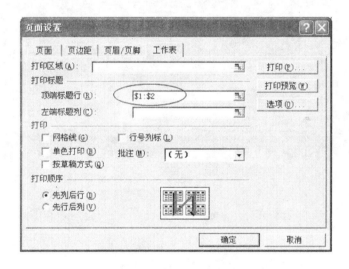

图 5-106　数据表窗口

图 5-107　设置"顶端标题行"对话框

(4)单击"确定"按钮,即可完成设置。

思考题

下表是某公司的销售统计表,请完成如下操作。

年销售统计表(单位:万元)

年度	城东办事处	城西办事处	总额
2003	188	200	
2004	201	238	
2005	280	285	
2006	238	302	
2007	330	360	

(1)用公式计算公司年度销售总额。

(2)使用此表格数据绘制一个柱形图,其中:年度数作为 X 轴数据,城东、城西办事处的销售额作为;Y 轴数据,城东、城西办事处作为图例说明。

第 6 章

演示文稿 PowerPoint 2003

学习指导

本章主要介绍如何利用 PowerPoint 2003 制作演示文稿。具体内容包括 Power-Point 2003 的界面和主要功能、制作简单演示文稿的一般方法、幻灯片的编辑、演示文稿的修饰和放映。

学习目标

(1)了解 PowerPoint 2003 的主要功能以及演示文稿、幻灯片的基本概念。

(2)掌握制作、编辑简单演示文稿的一般方法。

(3)掌握演示文稿的修饰和放映的操作方法。

6.1 PowerPoint 2003 简介

6.1.1 概述

PowerPoint 能够将文字、图像、声音、视频动画效果组合起来生成多媒体文档。它可以生成一个在计算机上连续播放的幻灯片,可以打印讲稿,也可以在网络中交互演示文档。PowerPoint 同 Office 其他组件之间有良好的资源共享性。多媒体演示制作软件,俗称幻灯片软件,是美国微软公司的办公软件之一,适于制作多媒体演讲报告、课件、新产品演示等,图文并茂,动画效果丰富。

6.1.2 PowerPoint 常用术语

(1)演示文稿。演示文稿指由 PowerPoint 创建的文档。一般包括为某一演示目的而制作的所有幻灯片、演讲者备注和旁白等内容,存盘时以 .ppt 为文件扩展名。

(2)幻灯片。幻灯片指由用户创建和编辑的每一个演示单页。

(3)讲义。讲义指发给听众的幻灯片复制材料,可把一个幻灯片打印在一张纸上,也

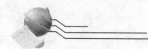

可把多个幻灯片压缩到一张纸上。

(4)母版。PowerPoint 为每个演示文稿创建一个母版集合(幻灯片母版、演讲者备注母版和讲义母版等)。母版中的信息一般是共有的信息,改变母版中的信息可统一改变演示文稿的外观。如把公司标记、产品名称及演示者的名字等信息放到幻灯片母版中,使这些信息在每张幻灯片中以背景图案的形式出现。

(5)模板。PowerPoint 提供了多种多样的模板。模板包含了演示文稿的母版、格式、定义、颜色定义和用于产生特殊效果的字体样式等,但不包含演示文稿的幻灯片内容。应用模板可快速生成统一风格的演示文稿。也可自定义模板,或对演示文稿中的某个幻灯片进行单独设计。

(6)版式。在新建幻灯片时,PowerPoint 提供了 31 种自动版式。每种版式预定义了新建幻灯片的各种占位符布局情况。占位符是指应用版式创建新幻灯片时出现的虚线框。

(7)演讲者备注。演讲者备注指在演示时演示者所需要的文章内容、提示注解和备用信息等。演示文稿中每一张幻灯片都有一张备注页,它包含该幻灯片的缩图,且提供演讲者备注的空间,可在此空间输入备注内容供演讲者参考。备注内容可打印到纸上。

6.1.3 PowerPoint 2003 的启动与退出

1. PowerPoint 2003 的启动

启动 PowerPoint 2003 的常用方法有以下两种。

(1)从"开始"菜单中启动:单击"开始"菜单中的"程序"命令,在下一级子菜单中选择"Microsoft Office",在下一级子菜单中单击 PowerPoint 2003 图标 PowerPoint 2003。

(2)使用桌面快捷图标:双击桌面上 PowerPoint 快捷图标 即可打开 PowerPoint 2003 窗口。

2. PowerPoint 2003 的退出

退出 PowerPoint 的常用方法有以下四种。

(1)使用菜单命令:单击"文件"菜单中的"退出"命令或单击控制菜单中的"关闭"命令。

(2)双击"控制菜单"图标。

(3)单击"关闭"按钮 。

(4)使用快捷键:按组合键"Alt+F4"。

6.1.4 PowerPoint 2003 窗口

PowerPoint 2003 窗口如图 6—1 所示。

图 6-1 PowerPoint 2003 窗口

1.标题栏

标题栏位于窗口的最上面,用于显示当前正在编辑的文稿文件名称。标题栏的最右侧有 3 个按钮,分别是最小化、最大化(还原)、关闭按钮。

2.菜单栏

菜单栏包括文件、编辑、视图、格式等菜单。通过使用这些菜单中的命令及其各种选项,可以对 PowerPoint 2003 发出各种指令,完成各种操作。

3.大纲区

在大纲区中,可以快速地查看整个演示文稿中的任意一张幻灯片。

4.视图按钮

PowerPoint 2003 在视图切换区中提供了 3 个视图按钮 ,单击这些按钮可以切换到相应的视图方式中进行编辑。

5.幻灯片区

可以在幻灯片区中查看每张幻灯片中的文本外观。同时可以在单张幻灯片中添加图形、影片和声音,并创建超级链接以及向其中添加动画,是编辑演示文稿内容的主要操作界面。

6.备注区

可以在备注窗格中添加与观众共享的演讲者备注信息。

7.状态栏

状态栏中显示当前演示文稿的状态信息。

6.1.5 PowerPoint 2003 的视图方式

PowerPoint 2003 提供了三种视图方式:普通视图、幻灯片浏览视图、幻灯片放映视

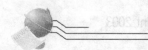

图。单击相应的按钮则可在这三种视图方式之间进行切换，如图 6－2 所示。分别点击该按钮即可转换到新的视图，如图 6－3 所示。

普通视图按钮　　　　　　　　　　　　　　　　幻灯片放映视图按钮
幻灯片浏览视图按钮

图 6－2　视图转换按钮

　　　　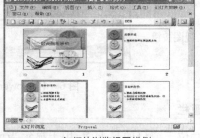

幻灯片普通视图样例　　　　　　　　　　幻灯片浏览视图样例

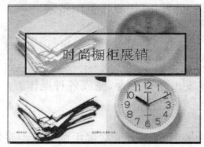

幻灯片放映视图样例

图 6－3　PowerPoint 2003 视图方式

6.2　PowerPoint 2003 的文件操作

6.2.1 新建文件

PowerPoint 提供了创建演示文稿的向导，可以根据向导的提示逐步地完成创建工作，或者使用设计模板创建演示文稿。如果有特别的要求，则可根据需要自己创建空白文件。

1.利用"空演示文稿"新建空演示文稿

操作步骤如下：

（1）单击"文件"菜单下的"新建"命令，在"新建演示文稿"任务窗格中单击"新建"选项组中的"空演示文稿"选项，如图 6－4 所示。

（2）当前任务窗格就会切换至"应用幻灯片版式"任务窗格。

（3）选择合适的幻灯片版式。在默认情况下，第一张幻灯片为"标题幻灯片"，如图 6－5 所示。

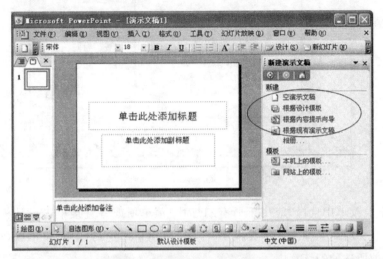

图 6－4　"新建 PowerPoint 文稿"窗口

图 6－5　显示"应用幻灯片版式"窗口

2. 用"设计模板"创建演示文稿

操作步骤如下：

（1）单击"新建演示文稿"任务窗格中的"设计模板"选项，任务窗格就会切换至"应用设计模板"任务窗格。

（2）在"应用设计模板"任务窗格中，鼠标移动到设计模板图片时，设计模板图片右侧会出现一个下拉箭头，如图 6－6 所示。

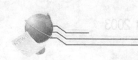

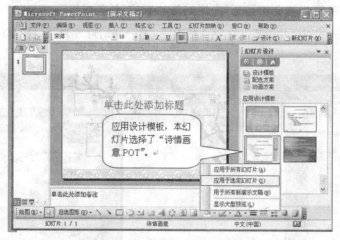

图 6-6 "应用设计"模板

(3)在下拉菜单中选择"应用于所有幻灯片"菜单项或者直接单击设计模板的图片，该设计模板就会应用到整个演示文稿中；选择"应用于选定幻灯片"菜单项，该设计模板仅应用到当前所选的幻灯片中。

3. 用"内容提示向导"创建演示文稿

PowerPoint 2003 中提供了大量的演示文稿范例，分为"常规"、"企业"、"项目"、"销售/市场"、"成功指南"、"出版物"及"其他"七种文稿类型。可以从中选择"内容提示向导"建立 8 至 12 个幻灯片。

操作步骤如下：

(1)单击"新建演示文稿"任务窗格中的"根据内容提示向导"选项，弹出"内容提示向导"对话框，如图 6-7 所示。

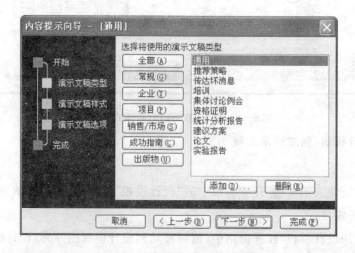

图 6-7 "内容提示向导"对话框

(2)选择一种文稿类型，单击"下一步"按钮。

（3）选择演示文稿的输出类型，然后单击"下一步"按钮，如图 6-8 所示。

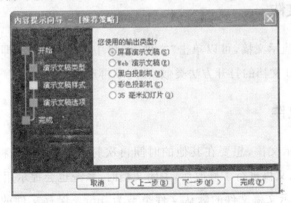

图 6-8　"内容提示向导－[推荐策略]"对话框

（4）输入演示文稿的标题，设置每张幻灯片都包含的对象，然后单击"下一步"按钮，如图 6-9 所示。

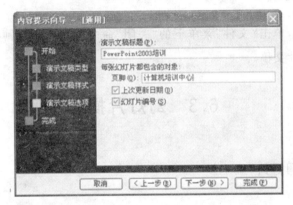

图 6-9　"内容提示向导－[通用]"对话框

（5）在演示文稿完成对话框中单击"完成"按钮，结果如图 6-10 所示。

图 6-10　显示利用"内容提示向导"创建幻灯片

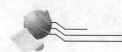

6.2.2 打开文件

最近编辑过的演示文稿,可以单击"文件"菜单中的文件列表,即可将其打开。打开文件的方法同 Word 文档的打开方法类似,在此不再重复。

6.2.3 保存文件

对编辑好的演示文稿,想要在其他的时间再次打开,就必须先将它保存到磁盘中。同样,在对一个演示文稿进行了修改后,关闭文档时,系统也会提示用户保存文档。

PowerPoint 演示文稿文件的默认文件类型为.ppt。保存文件的方法同 Word 文档的保存方法类似,在此不再重复。

6.2.4 关闭文件

保存幻灯片后,单击"文件"菜单下的"关闭"命令或单击工作簿窗口中的"关闭"按钮,即可关闭幻灯片文稿。

6.3 幻灯片操作

6.3.1 添加幻灯片

1.添加新幻灯片

操作方法:把光标定位在幻灯片要插入的位置上,单击"插入"菜单下的"新幻灯片"命令,如图 6—11 所示。则在 PowerPoint 2003 窗口增加了一张空白幻灯片,如图 6—12 所示。

图 6—11 "插入"菜单   图 6—12 "添加幻灯片"窗口

2.从文件添加幻灯片

操作方法如下：

(1)把光标定位在幻灯片要插入的位置上，单击"插入"菜单下的"幻灯片(从文件…)"命令，弹出"幻灯片搜索器"对话框，在该对话框中单击"浏览"按钮。选择需要的 PowerPoint 文件，单击"确定"按钮。

(2)幻灯片将出现在"幻灯片搜索区"对话框中的"选定幻灯片"任务区，选择需要的幻灯片，如果选择"保留源格式"复选框，则插入的幻灯片格式将保持不变插入到当前的演示文稿中；若取消"保留源格式"复选框，则所插入的演示文稿将应用当前的演示文稿格式，如图 6－13 所示。

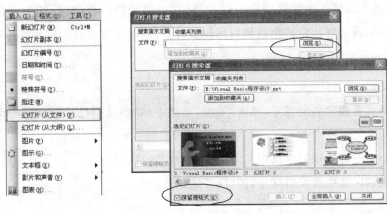

图 6－13　"从文件插入幻灯片"操作过程窗口

(3)单击"插入"按钮，即完成幻灯片的添加操作，如图 6－14 所示。单击"全部插入"按钮则可插入多张幻灯片。

图 6－14　显示"从文件插入幻灯片"窗口

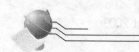

6.3.2 复制、移动、删除幻灯片

1.复制幻灯片

复制幻灯片的方法很多并且很灵活,完全可以仿照 Windows 2003 中关于文件的复制方法。

在窗口的大纲区选中欲复制的幻灯片,将它复制到剪贴板,然后选中目标位置的幻灯片进行粘贴,新幻灯片将被复制到目标位置之后。

2.移动幻灯片

在窗口的大纲区选中欲移动的幻灯片,将它剪切到剪贴板,然后选中目标位置的幻灯片进行粘贴,新幻灯片将被粘贴到目标位置之后,同时原位置此幻灯片将不存在。

3.删除幻灯片

操作步骤如下:

(1)选择将要删除的幻灯片,单击"编辑"菜单下的"删除幻灯片"命令,即可将指定的幻灯片删除。

(2)在浏览幻灯片视图中选中所需幻灯片,按"Del"键删除。

(3)在大纲区选中所需幻灯片,按"Del"键删除。

6.4 编辑幻灯片

6.4.1 输入文本

文本是演示文稿内容中最基本的元素,添加文本的方法有 4 种:版式设置区文本(占位符)、文本框、自选图形文本、艺术字。

1.使用占位符输入文本

占位符是一种带有虚线或阴影线边缘的方框,在这些方框内可以放置标题及正文,或者是图表、表格和图片等对象。幻灯片的版式不同,占位符的位置也不同。除了空白版式,其他的版式都有不同的占位符。如图 6—15 所示,在"标题幻灯片"版式的幻灯片中,自带了两个文本占位符:"标题占位符"和"副标题占位符"。光标定位在相应的占位符,即可输入文本。

2.使用文本框输入文本

如果想在占位符以外的地方输入文本,可以利用文本框来输入。

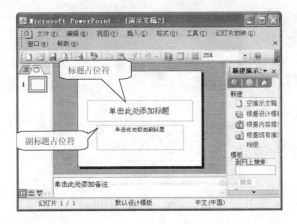

图 6－15　利用"占位符"输入文本窗口

操作步骤如下：

（1）单击"插入"菜单下的"文本框"子菜单，选择"横排"（或"竖排"）命令，或者单击"绘图"工具栏中的"文本框"（或"竖排文本框"）按钮。

（2）在需要添加文本的位置按动鼠标，即可在幻灯片中插入一个文本框。

（3）这时可在文本框内输入文本。文本输入完毕后，单击文本框之外的任何位置即可完成输入，如图 6－16 所示。

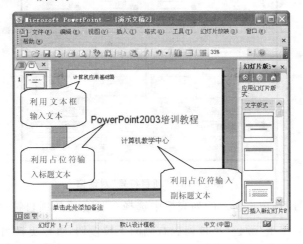

图 6－16　输入文本窗口

3.编辑文本和段落格式

文本输入完成后，需要对文本进行格式设置。文字格式（如字体、字形、字号、颜色、效果）的设置同 Word 2003。段落的对齐方式同 Word 2003。行距的设置需选中对象后单击"格式"菜单中"行距"命令，在弹出的如图 6－17 所示的对话框中进行设置。

4.添加项目符号和编号

使用项目符号和编号可使幻灯片内容更加整齐、清晰。

（1）添加项目符号。

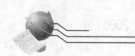

图6-17 "行距"对话框

操作步骤如下：

①选定要添加项目符号的文本。

②单击"格式"菜单下的"项目符号和编号"命令，或单击"格式"工具栏上的"项目符号"按钮 ，打开"项目符号和编号"对话框，如图6-18所示。

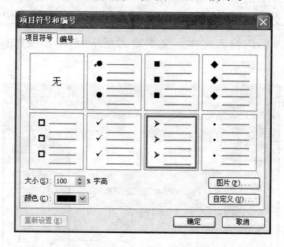

图6-18 "项目符号"对话框

③在"项目符号"选项卡所示的列表框中选择一种合适的项目符号；在"大小"微调框中设置符号的大小；单击"颜色"下拉列表右侧的下拉按钮，可以更换另一种颜色。

④单击"确定"按钮即可完成设置。

（2）添加编号。

操作步骤如下：

①选定要添加项目符号的文本。

②单击"格式"菜单下的"项目符号和编号"命令，或单击"格式"工具栏上的"项目符号"按钮 ，打开"项目符号和编号"对话框，如图6-19所示。

③在"编号"选项卡所示的列表框中选择一种合适的编号；在"大小"微调框中设置符号的大小；单击"颜色"下拉列表右侧的下拉按钮，可以更换另一种颜色；在"开始于"微调

框中设置编号的起始数值。

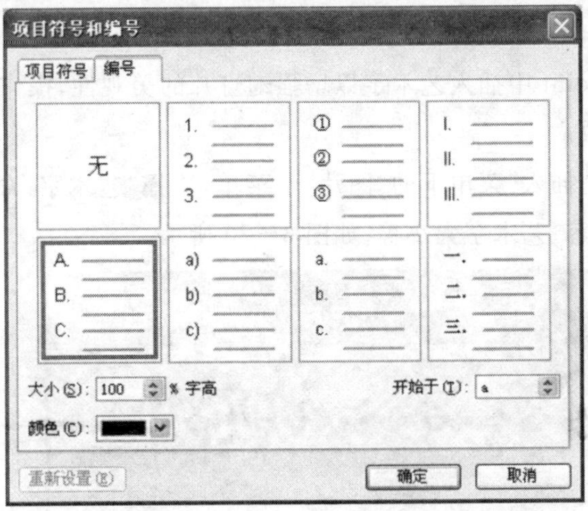

图 6－19　"编号"选项卡

④单击"确定"按钮即可完成设置。

（3）删除项目符号和编号。

选中 1 个或多个要删除项目符号或编号的段落，然后在"格式"工具栏中单击"项目符号"按钮或者"编号"按钮，即可删除这些段落前面的项目符号或编号。

6.4.2 在幻灯片中插入图片对象

在幻灯片中允许插入各种图片和图形。插入到幻灯片中的图片可以是 Microsoft 剪贴画库中的图片，也可以是常见格式的图片，还可以是各种手工绘制的图形。

1. 插入剪贴画

在幻灯片中插入剪贴画的操作类似于在 Word 中插入剪贴画。

操作步骤如下：

（1）单击"插入"菜单下的"图片"子菜单，选择"剪贴画"命令。

（2）在"剪贴画"任务窗格中选取并插入 Microsoft 剪贴画库中提供的图片。

2. 插入来自文件的图片

操作步骤如下：

（1）单击"插入"菜单下的"图片"子菜单，选择"来自文件"命令。

（2）在弹出的"插入图片"对话框中选择本地计算机中合适的图片，并插入到幻灯片中。

3. 绘制自选图形

在幻灯片中也可以插入自选图形，操作方法与在 Word 中插入自选图形的方法一致。

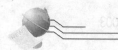

利用"自选图形"工具栏可以插入各种特殊图形。

4．插入艺术字

可以在 PowerPoint 中插入艺术字以增强幻灯片的美观性，操作方法与在 Word 中插入艺术字的方法一致。

操作步骤：单击"插入"菜单下的"图片"子菜单，选择"艺术字"命令，根据需要设置艺术字的样式、文本内容、艺术字大小等，如图 6－20 所示。

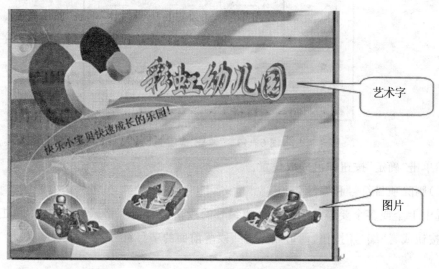

图 6－20　添加图片对象的幻灯片

6.4.3 插入表格、图表、组织结构图

可以在幻灯片中插入公式、表格、艺术字、图表和组织结构图等对象。插入对象的操作方法与在 Word 中插入对象的方法基本相同。在 PowerPoint 中也可以插入 Word 表格和 Excel 图表。

1．插入表格

（1）可以直接插入演示文稿中的表格。

操作步骤如下：

①单击"常用"工具栏中的"插入表格"按钮 ⊞ ，可以在幻灯片上插入表格。

②单击"插入"菜单下的"表格"命令，可以完成在幻灯片上插入表格。

（2）可以把在 Word 中编辑好的表格作为 PowerPoint 的对象，通过复制的方法，引入到幻灯片中。

操作步骤如下：

①打开已编辑好表格的 Word 文件，复制整个表格。

②切换到 PowerPoint，选择要插入表格的幻灯片。

③单击"编辑"菜单下的"粘贴"命令,把 Word 表格粘贴到幻灯片中。

④可以通过鼠标拖动表格边框来改变表格的大小,鼠标在表格外单击左键,即可确定表格的插入。

(3)也可以通过插入对象的方法,把 Word 表格插入到演示文稿中。

操作步骤如下:

①打开演示文稿,选择要插入 Word 表格的幻灯片。

②单击"插入"菜单下的"对象"命令,弹出"插入对象"对话框,如图 6-21 所示。

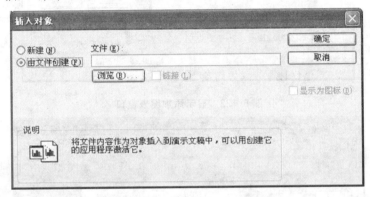

图 6-21　"插入对象"对话框

③在对话框中选择"由文件创建"单选按钮,然后单击"浏览"按钮,在弹出的对话框中选择要插入到幻灯片中的 Word 文件,单击"确定"按钮,就将该 Word 文件插入到幻灯片中。

④双击表格,即可进入对表格的编辑状态。编辑完毕,在表格外单击左键,即可确定表格的输入。

如果 Word 文件中包含其他文本,则这些文本也会和表格作为一个对象插入到幻灯片中。

2.插入图表

在 PowerPoint 也可以插入 Excel 图表。插入图表的方法有两种:一是直接制作图表幻灯片;二是向已有的幻灯片中添加图表。

(1)直接制作图表幻灯片。

操作步骤如下:

①选择要建立图表的幻灯片,设置幻灯片的版式为"标题和图表"版式,如图 6-22 所示。

②双击"图表"占位符,在预留区内会出现一个样本图表,样本图表上面叠放着一个样本数据表,如图 6-23 所示。样本数据表中包含着一些样本数据,图表是根据这些数据制作出来的。

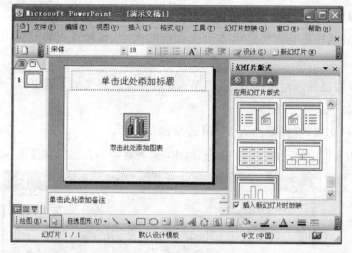

图 6-22　显示添加图表窗口

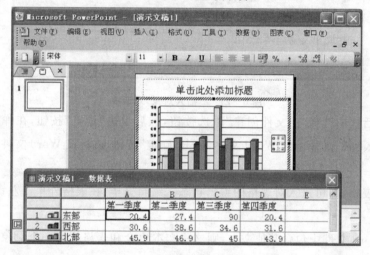

图 6-23　显示图表数据窗口

③也可以根据需要,在样本数据表中重新输入数据。数据表与 Excel 的工作表十分相似,可直接在数据表中输入数据。用鼠标或方向键选择所需的单元格,然后从键盘直接输入数据。

④双击图表,就可以根据需要对图表进行编辑。在默认情况下以"三维柱形图"作为样本的图表类型,就可以更改图表类型、修改数据系列格式、修改绘图区格式等。

⑤鼠标在图表以外单击左键,即可确定图表的插入。

(2)向已有的幻灯片中添加图表。

操作步骤如下:

①选定需放置图表的幻灯片。

②单击"插入"菜单的"图表"命令。

③在所出现的图表数据窗口进行数据的修改和编辑。

④鼠标在图表以外单击左键,即可确定图表的插入。

3.组织结构图的插入

组织结构图是由一系列图形和连线组成的。制作的演示文稿可能用于介绍某组织机构的部门设置,或部门文本内容间具有直属关系,此时可以采用组织结构图的形式制作幻灯片。

操作步骤如下:

(1)在"幻灯片版式"任务窗格选择"标题和图示或组织结构"版式,该版式将添加到幻灯片区,如图 6-24 所示。

(2)双击幻灯片区的组织结构图,弹出"图示库"对话框,选择合适的图示类型,如图 6-25所示。

图 6-24 选择"组织结构图"窗口

图 6-25 "图示库"对话框

(3)单击"确定"按钮。幻灯片以结构图显示,如图 6-26 所示。

(4)光标定位在各图框内,输入文本并编辑,效果如图 6-27 所示。

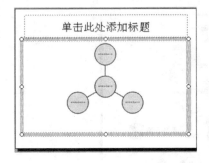

图 6-26 显示结构图

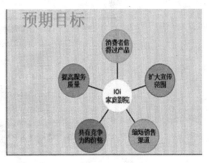

图 6-27 结构图样例

6.5 幻灯片的修饰

6.5.1 设置幻灯片的背景

使用如图6-28所示的幻灯片,对其添加图片背景。

操作步骤如下:

(1)单击"格式"菜单下的"背景"命令,弹出"背景"对话框,如图6-29所示。

图6-28 添加背景前的幻灯片

图6-29 "背景"对话框

(2)从"背景填充"下拉列表中选择"填充效果"选项,弹出"填充效果"对话框。在该对话框中,可根据需要选择过渡颜色、纹理、图案或图片作背景填充。如选择"图片"选项。

(3)在"图片"对话框中选择合适图片,单击"确定"按钮,返回到"背景"对话框,单击"应用"按钮,则背景设置只应用在当前幻灯片上,如图6-30所示。

图6-30 显示有背景幻灯片

6.5.2 幻灯片配色方案

1.使用标准配色方案

每个演示文稿和模板都有自己的标准配色方案,可以在标准配色方案中为当前演示文稿或幻灯片选择配色方案。

操作步骤如下:

(1)选中要使用配色方案的幻灯片,然后单击"格式"菜单下的"幻灯片设计"命令,打开"幻灯片设计"任务窗格。

(2)单击"配色方案"选项,打开如图6—31所示的"应用配色方案"列表框。

(3)将鼠标放置在某一种配色方案上,单击右侧出现的向下箭头,则会弹出一个快捷菜单;选择"应用于所选幻灯片"选项,则只有选定的幻灯片应用所选的配色方案;选择"应用于所有幻灯片"选项,则演示文稿中的所有幻灯片都将应用所选的配色方案。

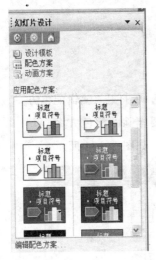

图6—31 应用配色方案列表框图

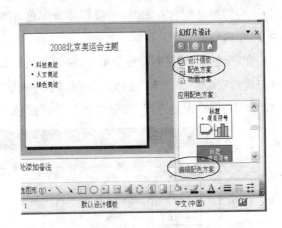

图6—32 显示配色方案窗口

2.自定义配色方案

如果在预设的配色方案中没有找到合适的配色方案,则可创建自定义的配色方案。

在如图6—32所示的幻灯片中,使用"配色方案",将整个演示的"标题文本"颜色设置为绿色。

操作步骤如下:

(1)单击"格式"菜单下的"幻灯片设计"命令,在"幻灯片设计"任务窗格选择"配色方案",如图6—32所示。

(2)在"任务窗格"中选择一种合适的配色方案,然后单击"编辑配色方案"按钮,弹出"编辑配色方案"对话框,如图6—33所示。

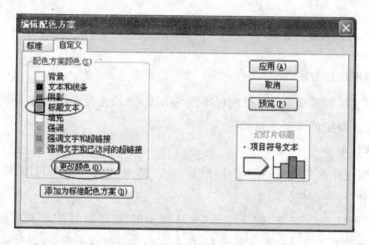

图 6-33 "编辑配色方案"对话框之"自定义"选项卡

(3)在"自定义"选项卡中,对"背景"、"文本标题"等选项更改其颜色,单击"确定"按钮即可完成"配色方案"的设置。

3.删除配色方案

当不再需要某配色方案时,可以删除该配色方案。

操作步骤如下:

(1)在"配色方案"任务窗格中单击"编辑配色方案"选项,打开"编辑配色方案"对话框。

(2)选择"标准"选项卡,选择"配色方案"列表框中要删除的配色方案。

(3)单击"删除配色方案"按钮即可删除该配色方案,如图 6-34 所示。

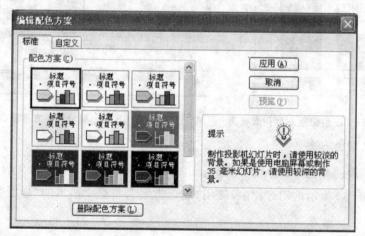

图 6-34 "编辑配色方案"对话框之"标准"选项卡

6.5.3 应用设计模板

PowerPoint 2003 提供了多种多样的模板。我们也可自定义模板,同时也可对演示文稿中的某个幻灯片进行单独设计。

【例1】　对如图6-35所示的演示文稿应用设计模板。

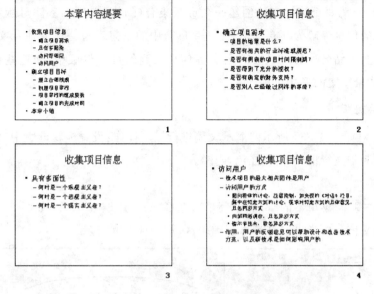

图6-35　演示文稿样例

操作步骤如下：

(1)单击"格式"菜单下的"幻灯片设计"命令,在"幻灯片设计"任务窗格选择"设计模板",如图6-36所示。

(2)把光标移到所需幻灯片模板的右边,弹出菜单列表项,选择"应用于所有幻灯片"选项,则演示文稿如图6-37所示。

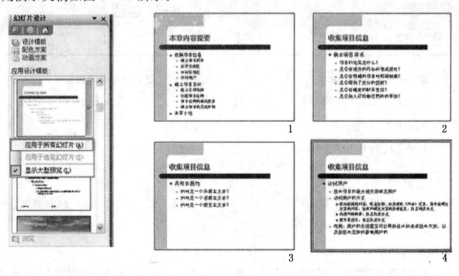

图6-36　幻灯片设计窗格　　　　**图6-37　应用设计模板样例**

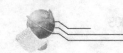
6.5.4 母版的使用

PowerPoint 为每个演示文稿创建一个母版集合(幻灯片母版、备注母版和讲义母版等)。母版中的信息一般为共有的信息,改变母版中的信息可统一改变演示文稿的外观。如把公司标记、产品名称及演示者的名字等信息放到幻灯片母版中,使这些信息在每张幻灯片中以背景图案的形式出现。

1.幻灯片母版

【例2】 对如图6-37所示的演示文稿进行以下操作:设置标题母版中"自动版式标题区"的样式为华文行楷,60号,红色,阴影。

操作步骤如下:

(1)单击"视图"菜单下的"母版子菜单",选择"幻灯片母版"命令,如图6-38所示。

(2)演示文稿窗口弹出幻灯片母版编辑区,如图6-39所示。

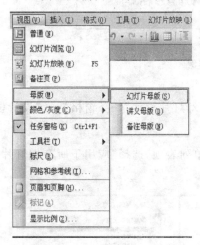

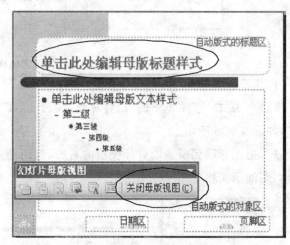

图6-38 "母版"菜单   图6-39 幻灯片母版编辑区

(3)光标定位"幻灯片母版标题"占位符,利用"字体"工具对标题进行"字体、字号、颜色、阴影"的设置。

(4)设置完成后单击"关闭母版视图"按钮,设置效果如图6-40所示。

2.讲义母版

讲义母版的作用是用来设置对幻灯片的打印控制,幻灯片可以以2张、4张、6张等方式输出。该视图方式包括页眉区、日期区、页脚区、数字区四个编辑区。

操作步骤如下:

(1)单击"视图"菜单下的"母版"子菜单,选择"讲义母版"命令,幻灯片区转换成母版视图,如图6-41所示。

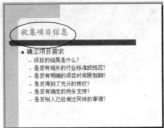

图 6-40 "幻灯片母版"样例

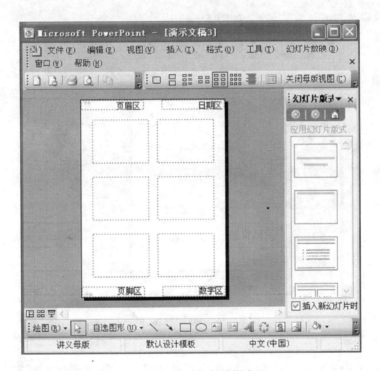

图 6-41 讲义母版编辑窗口

(2)完成各编辑区设置。可以直接在各编辑区输入文本或单击"视图"菜单下的"页眉和页脚"命令,在弹出的"页眉和页脚"对话框中选择"备注和讲义"选项,在该窗口可以完成"页眉、页脚"等设置,如图 6-42 所示。

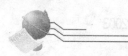

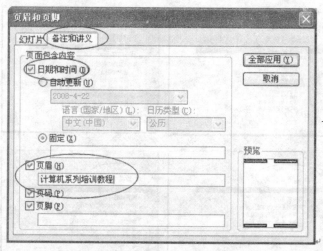

图6-42 "备注和讲义母版"对话框

(3)设置完成后单击"关闭母版视图",母版视图转换成幻灯片普通视图,这里幻灯片没有显示之前设置的相关信息,需要单击"文件"菜单下的"打印预览",若单击"打印"命令,则幻灯片以每页6张方式输出,如图6-43所示。

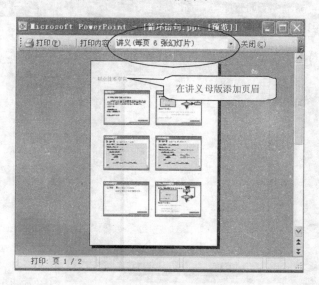

图6-43 "打印预览"窗口

3.备注母版

备注母版是用来对幻灯片的备注页设置显示格式。备注母版共分为6个区:页眉区、日期区、幻灯片区、备注文本区、页脚区、数学区。备注母版视图如图6-44所示。

图 6-44 备注母版视图

6.6 演示文稿的放映

6.6.1 设置动画效果

幻灯片中的对象(标题、副标题、文本或图片)可以设置动画效果,在放映时以不同的动作出现在屏幕上。

1.动画方案

动画方案是一组事先定义好的方案,只要选择任一方案到演示文稿中,则幻灯片的对象会以动画效果放映。

【例 3】 设置如图 6-45 所示演示文稿的放映方式为"依次渐变"。

操作步骤如下:

(1)单击"幻灯片放映"菜单下的"动画方案",在窗口右边弹出"幻灯片设计"任务窗格,选择"动画方案",并在"应用于所选幻灯片"列表框中选择"依次渐变",如图 6-46 所示。

(2)单击幻灯片放映按钮时,该幻灯片的文本以"依次渐变"的方式放映,如图 6-47 所示。

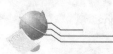

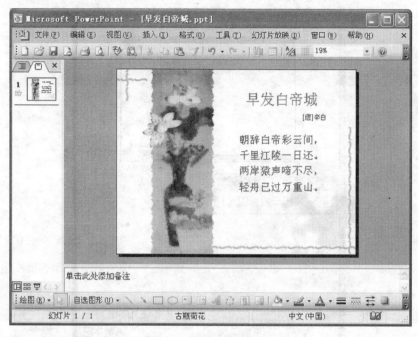

图 6－45　演示文稿窗口

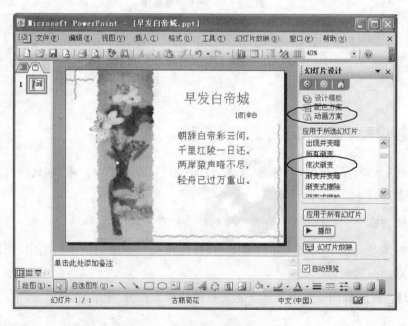

图 6－46　显示"动画方案"窗口

2.自定义动画

【例4】 以"自定义动画"方式放映图 6－45 所示的演示文稿。

操作步骤如下：

（1）单击"幻灯片放映"菜单下的"自定义动画"命令，在窗口右边弹出"自定义动画"

图6-47 幻灯片放映样例

任务窗格。

　　(2)选择序号"0"(表示对标题文本自定义放映动画),单击"更改"下拉列表框,选择"进入"→"盒状",再单击"速度"下拉列表框,选择"中速",则标题文本以"盒状、中速"方式放映,如图6-48所示。

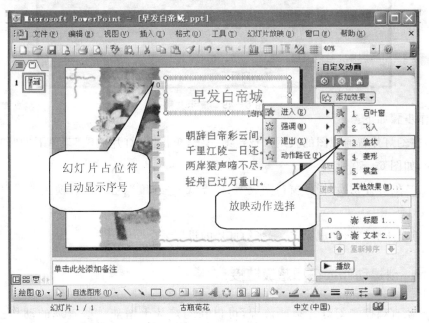

图6-48 "自定义动画"样例

　　(3)重复步骤(2),设置序号为"1,2,3,4"的文本动画。

6.6.2 设置幻灯片切换方式

幻灯片的切换方式是指某张幻灯片进入或退出屏幕时的特殊视觉效果,目的是为了使前后两张幻灯片之间过渡自然。我们既可以为选定的某张幻灯片设置切换方式,也可为一组幻灯片设置相同的切换方式。

【例5】 如图6-49所示的演示文稿,要求设置第一张幻灯片切换效果为盒状展开,速度为慢速,声音为鼓掌,换页方式为单击鼠标换页;设置第二、三张幻灯片切换效果为向左擦除,速度为慢速,风铃声音,换页方式为单击鼠标换页。

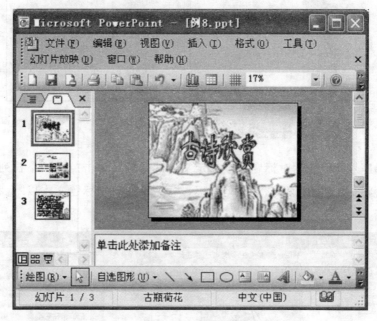

图6-49 演示文稿

操作步骤如下:

(1)在幻灯片普通视图的大纲区选定第一张,单击"幻灯片放映"菜单下的"幻灯片切换"命令,如图6-50所示。

(2)在"幻灯片切换"任务窗格完成"切换方式"、"速度"、"声音"、"换页方式"的设置,如图6-51所示。

(3)重复步骤(2),完成第二、三张幻灯片的设置。

6.6.3 创建动作按钮和超级链接

为方便直观控制幻灯片播映流程,可以在幻灯片上增加一些直观的动作按钮,如图6-52所示,并为其定义超链接。而超链接是从一张幻灯片到另一张幻灯片,超链接本身可以是文本或对象(如图片、图形、形状或艺术字)。

图 6-50 显示"幻灯片切换"窗口   图 6-51 幻灯片切换任务窗格

图 6-52 动作按钮组

【例 6】 制作如图 6-53 所示的目录课件。

图 6-53 演示文稿窗口

操作步骤如下：

(1)单击"插入"菜单下的"新幻灯片"，应用设计模板为"古瓶荷花.pot"，应用幻灯片版式为"空白"，如图 6-54 所示。

（2）单击"插入"菜单下的"图片"子菜单，选择"来自文件"，弹出"插入图片"对话框，选择合适的图片后，单击"插入"按钮。则图片被插入到幻灯片中，调整合适大小并拖放到合适位置，如图6－55所示。

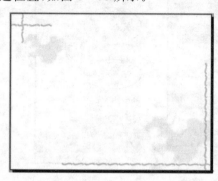

图6－54　应用"古瓶荷花.pot"设计模板　　　　图6－55　添加图片样例

（3）单击绘图工具栏的"矩形"按钮，光标移到幻灯片处并拖出一矩形，添加文本到框内，并设置该图形填充效果为预设"薄雾浓云"效果。方法与 Word 操作方法同，如图6－56所示。同样方法完成其他按钮的设计。

（4）单击"幻灯片放映"菜单下的"动作按钮"子菜单，选择"开始"动作按钮，光标在幻灯片区拖放出该按钮，同时弹出"动作设置"对话框，在超链接下拉列表框选择"第一张幻灯片"，单击"确定"按钮，如图6－57所示。

图6－56　添加"自选图形"样例　　　　　图6－57　添加"动作按钮"样例

（5）用同样方法设置其他动作按钮。

6.6.4 设置幻灯片放映方式

幻灯片放映前可设置其放映方式。

操作步骤如下：

（1）单击"幻灯片放映"菜单下的"设置放映方式"命令，弹出"设置放映方式"对话框，如图6－58所示。

（2）在该对话框中可以选择合适的"放映类型"和控制幻灯片播放范围以及换片

方式。

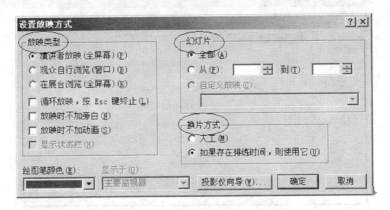

图 6-58　"设置放映方式"对话框

说明:放映类型区:

①"演讲者放映(全屏幕)":选择该项可运行全屏显示的演示文稿。

②"观众自行浏览(窗口)":选择该项可运行小屏幕的演示文稿。

③"在展台浏览(全屏幕)":选择该项可自动运行演示文稿。该种方式特别适用于展览会场或会议中,摊位、展台或其他地点无人照看时。此时观众无法修改演示文稿,按"ESC"键可终止放映。

幻灯片区:

①"全部":选择该项后,演示文稿放映时将播放所有幻灯片。

②"从……到":选择该项后,可以控制幻灯片的播放范围。如 表示从第 25 张开始放映,到 40 张结束。

6.6.5 添加声音

在演示文稿中插入声音,可以增强幻灯片的播放效果。

操作步骤如下:

(1)打开演示文稿,选择需要插入声音的幻灯片。

(2)单击"插入"菜单下的"影片和声音"子菜单,选择"文件中的声音"命令,打开"插入声音"对话框,如图 6-59 所示。

(3)选中需要插入的声音文件,并单击"确定"按钮,就将声音文件插入到幻灯片中,并弹出对话框,如图 6-60 所示。

(4)单击"自动"按钮,则在幻灯片放映时自动播放声音文件;单击"在单击时"按钮,则在幻灯片放映时需要用户单击鼠标时才会开始播放声音文件。声音文件将以小喇叭图标的形式显示在幻灯片中,如图 6-61 所示。

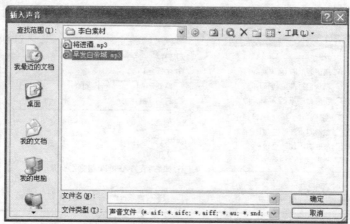

图 6-59　"插入声音"对话框

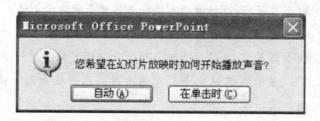

图 6-60　将声音文件插入到幻灯片中提示对话框

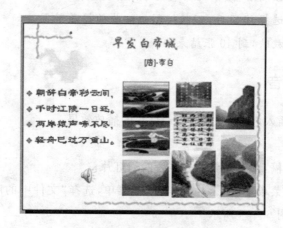

图 6-61　显示"声音"图标样例

6.7 打印演示文稿

6.7.1 页面设置

操作步骤如下：

(1)单击"文件"菜单下的"页面设置"命令，弹出"页面设置"对话框，如图6-62所示。

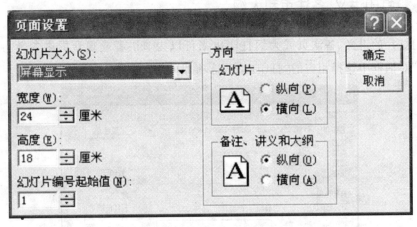

图6-62 "页面设置"对话框

说明：在"页面设置"对话框中对以下几项进行设置。

①"幻灯片大小"：在此项可以选择7种幻灯片大小，如图6-63所示。

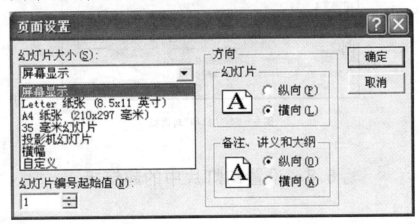

图6-63 显示"幻灯片大小"选项窗口

②"幻灯片编号起始值"：在此项可以重新设置幻灯片的起始值。幻灯片默认的起始值是"1"。

③"设置打印方向":可以设置幻灯片的打印方向和备注、讲义、大纲的打印方向。

(2)设置完成后,单击"确定"按钮。

6.7.2 打印页面

操作步骤如下:

(1)单击"文件"菜单下的"打印"命令,弹出"打印"对话框,如图6-64所示。

(2)在弹出的"打印"对话框中可以设置"打印机"、"打印范围"、"打印内容"、"打印份数"等一些参数。设置完成后单击"确定"按钮。

6.7.3 打印讲义、备注页和大纲

将幻灯片的讲义、备注页或大纲打印出来可以为演讲者或观众提供参考。方法为:在"打印"对话框中选择相应的"打印内容"选项即可,如图6-64所示。

图6-64 "打印"对话框

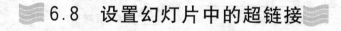

6.8 设置幻灯片中的超链接

1.创建超链接

在图6-65中,将"3.2变量"文本设置超链接到第20张幻灯片。

操作步骤如下:

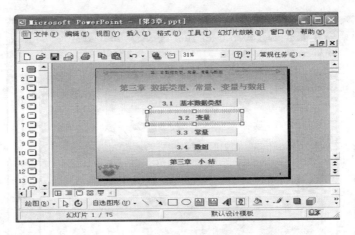

图 6-65　演示文稿样例

(1)打开要设置超链接的演示文稿,选择要创建超链接的文字或对象。

(2)单击"插入"菜单下的"超链接"命令,弹出"插入超链接"对话框,如图 6-66 所示。

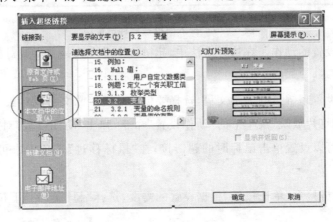

图 6-66　"插入超级链接"对话框

(3)在"链接到"组合框中选择要插入的超链接类型。其中,单击"原有文件或网页"图标,可以链接到已有的文件或网页;单击"本文档中的位置"图标,可以链接到当前演示文稿中的某个位置;单击"新建文档"图标,可以链接到一个未创建的文件;单击"电子邮件地址"图标,可以链接到电子邮件。

(4)在"请选择文档中的位置"下拉列表框中选择所需要超链接的幻灯片,如选择"3.2变量"。

(5)单击"确定"按钮即可完成链接设置,并返回到创建超链接时的幻灯片,同时该文本以其他颜色呈现,如图 6-67 所示。

(6)在放映幻灯片时,点击"3.2 变量"文本,则幻灯片跳转到"第 20 张幻灯片"。

2.应用动作设置创建超链接

按动作设置方法创建超链接,是指把进入超链接设置成某种动作,单击鼠标或鼠标

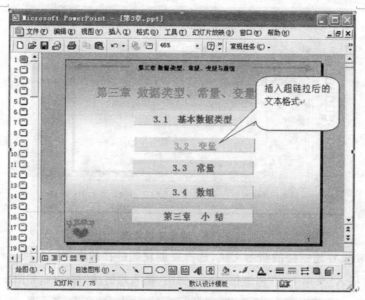

图 6-67　插入超链接后样例窗口

移过时,就执行设置的动作。在这种方法中,超链接本身多数是文本或对象。

操作步骤如下:

(1)打开要设置超链接的演示文稿,选择要创建超链接的文字或对象。

(2)单击"幻灯片放映"菜单下的"动作设置"命令,弹出"动作设置"对话框。在"单击鼠标"选项卡中可以设置单击鼠标时的超链接;在"鼠标移过"选项卡中可以设置鼠标移过时的超链接。

(3)选中"超链接到"单选按钮,根据设置的需要,选择"超链接到"下拉列表中某一超链接。

(4)单击"确定"按钮就可以创建超链接。

6.9　演示文稿文件的打包和解包

6.9.1 打包

文件打包是一项非常重要的功能。如在一台计算机上完成了演示文稿的制作和整理,很可能需在另一台没有安装 PowerPoint 2003 软件的计算机上放映。诸如此类的问题,都可以用文件打包功能解决。应用 PowerPoint 2003 的打包功能,可以将制作好的演示文稿(包括附带的多媒体文档)和 PowerPoint 2003 的一个用以放映的小型应用程序 PowerPoint Viewer 压缩并存储到指定的路径中。压缩之后的文件所占空间极小,甚至可以用一些软盘存储它们,在需要的时候将其解包就可以完成放映功能。

操作步骤如下:

(1)打开需要打包的演示文稿。

(2)单击"文件"菜单下的"打包成 CD"命令,弹出如图 6－68 所示的"打成 CD"对话框。

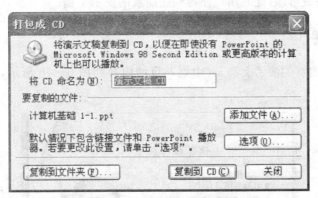

图 6－68 "打包成 CD"对话框

(3)单击"添加文件"按钮,在弹出的"添加文件"对话框中,选择需要定位的文件夹,然后单击"添加"按钮。

(4)在"打包成 CD"对话框中单击"选项"按钮,弹出"选项"对话框,选中"PowerPoint播放器"复选项、"链接的文件"复选项和"嵌入的 TrueType 字体"复选项,(打开文件密码可设置,可不设置),然后单击"确定"按钮,如图 6－69 所示。

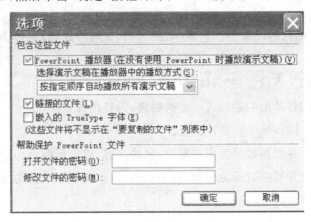

图 6－69 "选项"对话框

(5)在"打包成 CD"对话框中的"将 CD 命名为"选项中,输入打包后的演示文稿的名称。

(6)单击"复制到 CD"按钮,即可将演示文稿制作成 CD 盘或单击"复制到文件夹"按钮,整个演示文稿就会被制作成文件夹。这样就完成演示文稿的打包。

解包

得到打包文件后,只要双击可执行的 pptview. exe 文件,就会出现解包对话框,类似打包过程一样,用户在"目标文件夹"文本框中输入演示文稿存放的文件夹名称,最后确定,系统能自动完成解包,此时用户便得到能播放的演示文稿。

 思 考 题

1.制作一个四页的演示文稿,其中第一页的内容如图 6—70 所示,第二、第三、第四页内容自定。

图 6—70 演示文稿样例

(1)将幻灯片的标题设置为:"艺术字"第 4 行、5 列的式样;字体为仿宋体,蓝色字,大小为 48。

(2)将幻灯片的文本设置为"宋体红色字,大小为 28"。

(3)在第一张幻灯片的右边插入一个剪贴画,调整图片大小。

(4)应用 Glass Layers. pot 设计模板。

(5)第二张幻灯片切换效果为向左擦除,风铃声音,单击鼠标启动动画。

(6)第三张幻灯片切换效果为溶解,打字机声音,单击鼠标启动动画。